高等职业教育精品工程规划教材
中国电子教育学会推荐教材

自动生产线的拆装与调试

（第2版）

主　编　林若云　童　泽

副主编　张　霞　王娜娜

電子工業出版社·

Publishing House of Electronics Industry

北京·BEIJING

内 容 简 介

本书是结合国家自动化实训基地建设经验，以工学结合为特点，服务于高职机电类职业能力培养的理实一体化的综合教材。

本书以天煌教仪公司的 MES 网络型模块式柔性自动化生产线实训系统（八站）为基础，共分为九个项目，主要内容分别为：上料、检测单元、搬运单元、加工与检测单元、搬运分拣单元、传送分拣单元、安装单元、安装搬运单元和分类单元和主控单元。每站各有一套 PLC 控制系统独立控制，控制系统选用西门子 PLC 进行控制，具有较好的柔性。在基本单元模块培训完成以后，又可以将相邻的两站、三站直至八站连在一起，学习复杂系统的控制、编程、装配和调试技术。每部分的知识都以具体的任务为载体，并分解为若干个分任务循序渐进。本书的编写紧扣"准确性、实用性、先进性、可读性"的原则，力求深入浅出、图文并茂，达到方便实际教学同时提高学生学习兴趣以及易学、易懂、易上手的目的。

本书适合作为高职高专院校电气自动化、过程控制技术、机电一体化等相关专业的教材，也可作为工程技术人员研究自动化生产线的参考书。

图书在版编目（CIP）数据

自动生产线的拆装与调试 / 林若云，童泽主编. —2 版. —北京：电子工业出版社，2017.4（2025.2 重印）

ISBN 978-7-121-31343-1

Ⅰ. ①自… Ⅱ. ①林… ②童… Ⅲ. ①自动生产线－装配（机械）②自动生产线－调试方法 Ⅳ. ①TP278

中国版本图书馆 CIP 数据核字（2017）第 076272 号

责任编辑：郭乃明　　特约编辑：范　丽
印　　刷：北京捷迅佳彩印刷有限公司
装　　订：北京捷迅佳彩印刷有限公司
出版发行：电子工业出版社
　　　　　北京市海淀区万寿路 173 信箱　邮编　100036
开　　本：787×1 092　1/16　印张：15.75　字数：403.2 千字
版　　次：2012 年 2 月第 1 版
　　　　　2017 年 4 月第 2 版
印　　次：2025 年 2 月第 8 次印刷
定　　价：35.00 元

凡所购买电子工业出版社图书有缺损问题，请向购买书店调换。若书店售缺，请与本社发行部联系，联系及邮购电话：（010）88254888，88258888。

质量投诉请发邮件至 zlts@phei.com.cn，盗版侵权举报请发邮件至 dbqq@phei.com.cn。

本书咨询联系方式：34825072@qq.com。

前　言

目前，以 PLC、触摸屏和变频器为主体的自动化生产线系统已广泛应用于各个生产领域。为了适应现代企业对高级机电技术人员既有较新知识、又有较强能力的素质要求，我们于 2012 年编写了这本适合高职高专院校机电类及相关专业使用的教材，本书出版后获得了较为广泛的市场认可，但因水平有限、经验不足，内容上存在一些纰漏，加之出版时间较早，不能满足自动生产线教学领域的新需求，因此我们在原有基础上对本书进行了修订，使内容更精炼、实用；图表更清晰、规范。

本书以 MES 网络型模块式柔性自动化生产线实训系统为主要对象，详细介绍了机电一体化专业中的气动、电机驱动与控制、PLC、传感器等多种控制技术，适合相关专业学生进行工程实践、课程设计及初上岗位的工程技术人员进行培训等。

与当前高职高专同类教材相比，本教材具有以下特点。

1. 以项目单元为载体，为读者掌握机械、电气控制技术打下基础，同时又注重提高读者综合运用技术的能力。

2. 有较多的实习操作内容，体现了高职高专突出实践教学的特色。

3. 运用"边学边做"的方法。本书是理论与实训操作密切结合的教材，通过机械部件安装与调试、气动系统的安装与调试、电气控制电路的安装和 PLC 编程、机电设备安装与调试、自动控制系统安装与调试、工业网络控制系统安装与调试等相应的实习操作的实践过程，能使读者较快掌握相应的技能。

4. 内容贴近生产实际，书中所举案例来源于生产设备，并体现 PLC 在生产实践中的综合应用技术。

5. 书中内容每个项目各由一套 PLC 控制系统独立控制，在基本单元模块培训完成以后，又可以将相邻的两站、三站直至八站连在一起。每一部分时间安排是 6 小时，教师可根据课时和实际设备灵活安排教学。

本书配有教学电子教案（用 PowerPoint 制作，可以根据教学情况修改），可与本书配合使用，便于教师教学和学生课后练习提高。

全书由林若云、童泽任主编，张霞、王娜娜任副主编，郭海本、范丽参与编写。由于编者水平有限和经验不足，书中错误和不妥之处在所难免，恳请广大读者批评指正。

编者联系邮箱：34825072@qq.com。

目　　录

项目一 上料检测单元

1.1 上料检测单元项目引入

1. 主要组成与功能

上料检测单元主要组成见图 1-1,其主要任务是将工件从回传上料台送到检测工位,通过提升装置将工件提升并检测工件颜色。下面是对部分组件的功能介绍。

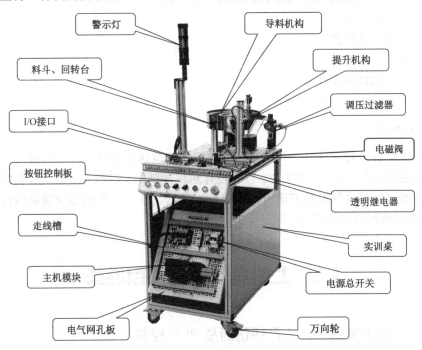

图 1-1 上料检测单元总图

(1)料斗:用于存放物料。

(2)回转台:带动物料转动。

(3)导料机构:使物料在回转台上能按照设定好的方向旋转,输送工件。

(4)工件滑道:使物料下滑到物料台上。

(5)直流减速电动机:用于驱动回转台转动,通过导料机构输送工件。

(6)光电传感器 1:负责输送台上工件的颜色检测、物料检测,此传感器为光电漫反射型传感器,工件库中有物料时为 PLC 提供一个输入信号。

（7）光电传感器 2：检测物料是否到达等待抓取位。

磁性传感器：用于气缸的位置检测。当检测到气缸准确到位后将给PLC发出一个到位信号（磁性传感器接线时注意蓝色接"–"，棕色接"PLC输入端"）。

（8）单杆气缸：由单向气动电控阀控制。当气动电磁阀得电，气缸伸出，同时将物料送至直线移动装置上。

（9）警示灯：系统的上电、运行、停止信号指示。

（10）安装支架：用于安装提升气缸及各个检测传感器。

（11）控制按钮板：用于系统的基本操作、单机控制、联机控制。

（12）电气网孔板：主要安装 PLC 主机模块、空气开关、开关电源、I/O 接口板、各种接线端子等。

2．主要技术指标

控制电源：直流 24V/4.5A。

PLC 控制器：西门子。

永磁直流减速电动机：ZGB60R-45SRZ/458i/24V。

电磁阀：4V110-06。

调速阀：出气节流式。

磁性传感器：D-C73L。

单杆气缸：CDJ2B16-75。

光电传感器：SB03-1K。

3．工艺流程

上料单元运行，转盘转动，将工件从转盘经过滑道送至货台上，物料台检测传感器检测到有工件后物料台上升，工件在 30 秒内没有送到物料台上时警示黄灯亮，物料台在上升过程中卡住时（3 秒内气缸没有运行到上限位）警示红灯亮。传感器检测物料上工件，在 PLC 网络中给网络完成信号。

1.2　上料检测单元项目准备

任务一　知识准备——生产线认知及 PLC 控制

子任务一　了解自动化生产线及其应用

如图 1-2 所示是应用于制药厂的口服液洗烘灌封自动生产线。该线由 QCK80 型立式超声波洗瓶机、ASMZ620/42 型远红外灭菌干燥机、DGF16/24 型口服液灌装轧盖机三台单机组成，分为清洗、干燥灭菌和灌装封口三个工作区，全线可联动生产，也可单机使用。可完成淋水、超声波清洗、机械手夹瓶、翻转、冲水、冲气、预热、烘干灭菌、冷却、灌装、理盖、戴盖、轧盖等工序。

类似的还有瓦楞纸生产线、硬糖灌注生产线等，这些生产线的特点是：每个单元都有独立的控制，选用各种机械手及可编程自动化装置，实现所加工产品的自动供料、自动装配、自动检测、自动包装等过程的自动化，采用网络通信监控、数据管理实现控制与管理。

什么是自动生产线？

自动化生产系统可在没有人直接参与的情况下，利用各种技术手段，通过自动检测、信息处理、分析判断、操纵控制，使机器、设备等按照预定的规律自动运行，实现预期的目标，或使生产过程、管理过程、设计过程等按照人的要求高效自动地完成。其系统示意图见图1-3。

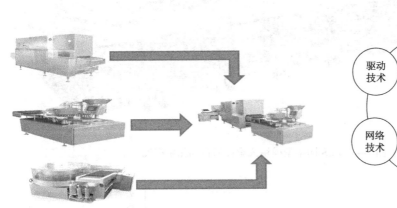

图1-2　某制药厂的口服液洗烘灌封自动生产线示意图　　　图1-3　自动化生产线技术

自动化生产线的任务就是为了实现自动生产，如何才能达到这一要求呢？

自动化生产线综合应用机械技术、控制技术、传感技术、驱动技术、网络技术、人机接口技术等，通过一些辅助装置，按工艺顺序将各种机械加工装置连成一体，并控制液压、气压和电气系统将各个部分动作联系起来，完成预定的生产加工任务。自动生产线所涉及的技术领域是很广泛的，所以它的发展、完善是与各种相关技术的进步及互相渗透相连的，因而与整个支持自动生产线有关技术的发展联系起来。1974年由美国人哈林顿提出CIMS（计算机集成制造系统）的概念，借助于计算机技术、现代系统管理技术、现代制造技术、信息技术、自动化技术和系统工程技术，将制造过程中有关的人、技术和经营管理三要素有机集成，通过信息共享以及信息流与物质流的有机集成实现系统的优化运行。现在信息时代已经到来，从技术发展前沿来看，CIMS将是自动生产线发展的一个理想状态。

子任务二　实训设备认知

实训设备实物外观如图1-4所示。

1. **产品概述**

模块式柔性自动化生产线实训系统是一种最为典型的机电一体化、自动化类产品培训装置。它在相近于工业生产制造现场基础上又针对教学进行了专门设计，强化了各种控制技术和工程实践能力。

实训系统由8个单元组成。分别为：上料检测单元、搬运单元、加工与检测单元、搬运分拣单元、变频传送单元、安装单元、安装搬运单元和分类单元，控制系统可以选用西门子、三菱或欧姆龙品牌的PLC，每站各有一套PLC控制系统独立控制，具有较好的柔性，在基本单元模块培训完成以后，又可以将相邻的两站、三站直至八站连在一起，学习复杂系统的控制、编程、装配和调试技术。系统工作过程如图1-5所示。

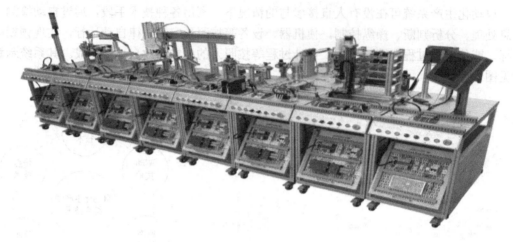

图1-4　MES 网络型模块式柔性型自动化生产线

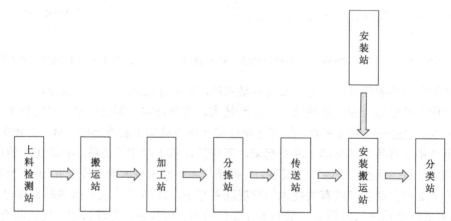

图1-5　工作过程示意图

2. 产品特点

系统将机械、气动、电气控制、电动机传动、传感检测、PLC 以及工业网络控制技术有机地进行整合，并将结构模块化，集机械部件安装与调试、气动系统的安装与调试、电气控制电路的安装和 PLC 编程、机电设备安装与调试、自动控制系统安装与调试、工业网络控制系统安装与调试于一体，便于组合，可以完成各类单项技能训练和综合性项目训练，能较好地满足实训教学、工程训练的需要。

系统无论机械结构还是控制都采用统一标准接口，具有很高的兼容和扩展性，随着工业现场技术的快速发展，本系统可以紧跟现场技术升级扩展，深入地满足实训教学的需要。

本系统可以锻炼学习者创新思维和动手能力，学习者可以利用本系统从机械组装、电气设计、接线、PLC 编程与调试、现场总线组建与维修等方面进行工程训练。

西门子 PLC 采用西门子 PROFIBUS-DP 网络通信，使各站之间的控制信息和状态数据能够实时相互交换，配有 10.4 英寸，256 色工业彩色触摸屏。

3. 技术性能

（1）输入电源：单相三线 AC220V±10%，50Hz。

（2）工作环境：温度-10℃~40℃，相对湿度≤85%（25℃），海拔<4000m。

（3）装置容量：≤1.5kVA。

（4）外形尺寸：380cm×170cm×140cm。

（5）安全保护：具有漏电压、漏电流保护，安全指标符合国家标准。

子任务三　可编程控制器技术

1. PLC 的分类及特点

可编程控制器简称 PLC（Programmable Logic Controller），在 1987 年国际电工委员会（International Electrical Committee）颁布的 PLC 标准草案中对 PLC 进行了如下定义：PLC 是一种专门为在工业环境下应用而设计的数字运算操作的电子装置。它采用可以编制程序的存储器，用来在其内部存储执行逻辑运算、顺序运算、计时、计数和算术运算等操作的指令，并能通过数字式或模拟式的输入和输出，控制各种类型的机械或生产过程。PLC 及其有关的外围设备都应该按易于与工业控制系统形成一个整体、易于扩展其功能的原则而设计。

1）PLC 的分类

按产地分，可分为日系、欧美、韩台、大陆等。其中日系具有代表性的为三菱、欧姆龙、松下、光洋等；欧美系列具有代表性的为西门子、ABB、通用电气、德州仪表等；韩台系列具有代表性的为 LG、台达等；大陆系列具有代表性的为合利时、浙江中控等。

按点数分，可分为大型机、中型机及小型机等。大型机一般 I/O 点数大于 2048 点，具有多 CPU，16 位/32 位处理器，用户存储器容量 8~16K 字节，具有代表性的为西门子 S7-400 系列、通用公司的 GE-IV 系列等；中型机一般 I/O 点数为 256~2048 点；单/双 CPU，用户存储器容量 2~8K 字节，具有代表性的为西门子 S7-300 系列、三菱 Q 系列等；小型机一般 I/O 点数少于 256 点，单 CPU，8 位或 16 位处理器，用户存储器容量 4K 字节以下，具有代表性的为西门子 S7-200 系列、三菱 FX 系列等。

按结构分，可分为整体式和模块式。整体式 PLC 是将电源、CPU、I/O 接口等部件都集中装在一个机箱内，具有结构紧凑、体积小、价格低的特点；小型 PLC 一般采用这种整体式结构。模块式 PLC 由不同 I/O 点数的基本单元（又称主机）和扩展单元组成。这种模块式 PLC 的特点是配置灵活，可根据需要选配不同规模的系统，而且装配方便，便于扩展和维修。大、中型 PLC 一般采用模块式结构。还有一些 PLC 将整体式和模块式的特点结合起来，构成所谓的叠装式 PLC。

按功能分，可分为低档、中档、高档三类。低档 PLC 具有逻辑运算、定时、计数、移位以及自诊断、监控等基本功能；主要用于逻辑控制、顺序控制或少量模拟量控制的单机控制系统。中档 PLC 除具有低档 PLC 的功能外，还具有较强的模拟量输入/输出、算术运算、数据传送和比较、数制转换、远程 I/O、子程序、通信联网等功能；适用于复杂控制系统。高档 PLC 机具有更强的通信联网功能，可用于大规模过程控制或构成分布式网络控制系统，实现工厂自动化。

2）PLC 的特点

● 可靠性高，抗干扰能力强。

高可靠性是电气控制设备的关键性能。PLC 由于采用现代大规模集成电路技术，具有很高的可靠性。从 PLC 的机外电路来说，使用 PLC 构成控制系统，和同等规模的继电器系统相比，电气接线及开关接点已减少到数百分之一甚至数千分之一，故障率也就大大降低。此外，PLC 带有硬件故障自我检测功能，出现故障时可及时发出警报信息。

● 配套齐全，功能完善，适用性强。

PLC 发展到今天，已经形成了大、中、小各种规模的系列化产品。可以用于各种规模的工业控制场合。

● 易学易用，深受工程技术人员欢迎。

PLC 作为通用工业控制计算机，是面向工矿企业的工控设备。它接口配置容易，编程语言易于为工程技术人员接受。梯形图语言的图形符号与表达方式和继电器电路图相当接近，只用 PLC 的少量开关量逻辑控制指令就可以方便地实现继电器电路的功能。为不熟悉电子电路、不懂计算机原理和汇编语言的人使用计算机从事工业控制打开了方便之门。

● 系统的设计、建造工作量小，维护方便，容易改造。

PLC 用存储逻辑代替接线逻辑，大大减少了控制设备外部的接线，使控制系统设计及建造的周期大为缩短，同时维护也变得容易起来。更重要的是使同一设备通过改变程序来改变生产过程成为可能。这很适合多品种、小批量的生产场合。

● 体积小，重量轻，能耗低。

以超小型 PLC 为例，新近出产的品种底部尺寸小于 100mm，重量小于 150g，功耗仅数瓦。由于体积小很容易装入机械内部，是实现机电一体化的理想控制设备。

3）PLC 的应用领域

目前，PLC 在国内外已广泛应用于钢铁、石油、化工、电力、建材、机械制造、汽车、轻纺、交通运输、环保及文化娱乐等各个行业，使用情况大致可归纳为如下几类。

● 开关量的逻辑控制。

这是 PLC 最基本、最广泛的应用领域，它取代传统的继电器电路，实现逻辑控制、顺序控制，既可用于单台设备的控制，也可用于多机群控及自动化流水线。如注塑机、印刷机、订书机械、组合机床、磨床、包装生产线、电镀流水线等。

● 模拟量控制。

在工业生产过程当中，有许多连续变化的量（如温度、压力、流量、液位和速度等）都是模拟量。为了使可编程控制器处理模拟量，必须实现模拟量（Analog）和数字量（Digital）之间的 A/D 转换及 D/A 转换。PLC 厂家都生产配套的 A/D 和 D/A 转换模块，使可编程控制器用于模拟量控制。

● 运动控制。

PLC 可以用于圆周运动或直线运动的控制。从控制机构配置来说，早期直接用于开关量 I/O 模块连接位置传感器和执行机构，现在一般使用专用的运动控制模块。如可驱动步进电动机或伺服电动机的单轴或多轴位置控制模块。世界上各主要 PLC 厂家的产品几乎都有运动控制功能，广泛用于各种机械、机床、机器人、电梯等设备。

● 过程控制。

过程控制是指对温度、压力、流量等模拟量的闭环控制。作为工业控制计算机，PLC能编制各种各样的控制算法程序，完成闭环控制。PID调节是一般闭环控制系统中用得较多的调节方法。大中型PLC都有PID模块，目前许多小型PLC也具有此功能模块。PID处理一般是运行专用的PID子程序。过程控制在冶金、化工、热处理、锅炉控制等场合有非常广泛的应用。

● 数据处理。

现代PLC具有数学运算（含矩阵运算、函数运算、逻辑运算）、数据传送、数据转换、排序、查表、位操作等功能，可以完成数据的采集、分析及处理。这些数据可以与存储在存储器中的参考值比较，完成一定的控制操作，也可以利用通信功能传送至别的智能装置，或将它们打印制表。数据处理一般用于大型控制系统，如无人控制的柔性制造系统；也可用于过程控制系统，如造纸、冶金、食品工业中的一些大型控制系统。

● 通信及联网。

PLC通信含PLC间的通信及PLC与其他智能设备间的通信。随着计算机控制技术的发展，工厂自动化网络发展得很快，各PLC厂商都十分重视PLC的通信功能，纷纷推出各自的网络系统。新近生产的PLC都具有通信接口，通信非常方便。

2. PLC的结构与工作原理

1）PLC的结构

PLC的类型繁多，功能和指令系统也不尽相同，但结构与工作原理则大同小异，通常由主机、输入/输出接口、电源、编程器扩展器接口和外部设备接口等几个主要部分组成，如图1-6所示。

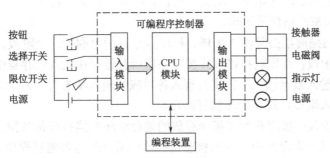

图1-6　PLC的结构简图

（1）主机

主机部分包括中央处理器（CPU）、系统程序存储器和用户程序及数据存储器。CPU是PLC的核心，它用以运行用户程序、监控输入/输出接口状态、进行逻辑判断和数据处理，即读取输入变量、完成用户指令规定的各种操作，将结果送到输出端，并响应外部设备（如编程器、计算机、打印机等）的请求以及进行各种内部判断等。PLC的内部存储器有两类，一类是系统程序存储器，主要存放系统管理和监控程序及对用户程序进行编译的程序，系统程序由厂家设定，用户不能更改；另一类是用户程序及数据存储器，主要存放用户编制的应用程序及各种暂存数据和中间结果。

（2）输入/输出（I/O）接口

I/O 接口是 PLC 与输入/输出设备连接的部件。输入接口接收输入设备（如按钮、传感器、触点、行程开关等）的控制信号。输出接口根据主机经处理后的结果通过功放电路去驱动输出设备（如接触器、电磁阀、指示灯等）。I/O 接口一般采用光电耦合电路，以减少电磁干扰，从而提高了可靠性。I/O 点数即输入/输出端子数，是 PLC 的一项主要技术指标，通常小型机有几十个点，中型机有几百个点，大型机超过千点。

（3）电源

图 1-6 中电源是指为 CPU、存储器、I/O 接口等内部电子电路工作所配置的直流开关稳压电源，通常也为输入设备提供直流电源。

（4）编程器

编程器是 PLC 的一种主要的外部设备，用于手持编程，用户可用以输入、检查、修改、调试程序或监示 PLC 的工作情况。除手持编程器外，还可通过适配器和专用电缆线将 PLC 与计算机连接，并利用专用的工具软件进行编程和监控。

（5）输入/输出扩展单元

I/O 扩展接口用于连接扩充外部输入/输出端子数的扩展单元与基本单元（即主机）。

6）外部设备接口

此接口可将编程器、打印机、条码扫描仪等外部设备与主机相连，以完成相应的操作。

2）PLC的工作原理

PLC 是采用"顺序扫描，不断循环"的方式进行工作的，即在 PLC 运行时，CPU 根据用户按控制要求编制好并存于用户存储器中的程序，按指令步序号（或地址号）周期性循环扫描，如无跳转指令，则从第一条指令开始逐条顺序执行用户程序，直至程序结束。然后重新返回第一条指令，开始下一轮新的扫描。在每次扫描过程中，还要完成对输入信号的采样和对输出状态的刷新等工作。

PLC 的一个扫描周期必经输入采样、程序执行和输出刷新三个阶段。

● 输入采样阶段：首先以扫描方式按顺序将所有暂存在输入锁存器中的输入端子的通断状态或输入数据读入，并将其写入各对应的输入状态寄存器中，即刷新输入。随即关闭输入端口，进入程序执行阶段。

● 程序执行阶段：按用户程序指令存放的先后顺序扫描执行每条指令，执行的结果再写入输出状态寄存器中，输出状态寄存器中所有的内容随着程序的执行而改变。

● 输出刷新阶段：当所有指令执行完毕，输出状态寄存器的通断状态在输出刷新阶段送至输出锁存器中，并通过一定的方式（继电器、晶体管或晶闸管）输出，驱动相应输出设备工作。

3. S7-200 系统结构

1）硬件组成

S7-200CPU 将一个微处理器、一个集成电源和数字量 I/O 点集成在一个紧凑、独立的封装中，从而形成了一个功能强大的微型 PLC，具体见图 1-7。

CPU 负责执行程序和存储数据，以便对工业自动控制任务或过程进行控制。

输入和输出时系统的控制点：输入部分从现场设备中（例如传感器或开关）采集信号，输出部分则控制泵、电动机、指示灯以及工业过程中的其他设备。

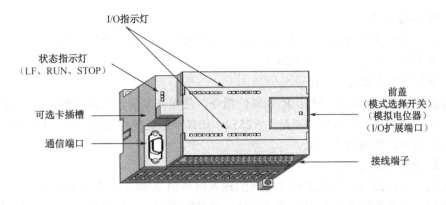

图 1-7 PLC 硬件组成

电源向CPU及所连接的任何模块提供电力支持。

通信端口用于连接 CPU 与上位机或其他工业设备。

状态信号灯显示了 CPU 工作模式，本机 I/O 的当前状态，以及检查出的系统错误。

2）指令系统

（1）标准触点指令

LD：常开触点指令，表示一个与输入母线相连的动合接点指令，即动合接点逻辑运算起始。

LDN：常闭触点指令，表示一个与输入母线相连的动断接点指令，即动断接点逻辑运算起始。

A：与带开触点指令，用于单个动合接点的串联。

AN：与非常闭触点指令，用于单个动断开接点的串联。

O：或常开触点指令，用于单个动合接点的并联。

ON：或非常闭触点指令，用于单个动断接点的并联。

LD、LDN、A、AN、O、ON 触点指令中变量的数据类型为布尔（BOOL）型（只有"是"和"非"两种取值可能）。LD、LDN 两条指令用于将接点接到母线上，A、AN、O、ON 指令均可多次重复使用，但当需要对两个以上接点串联连接电路块的并联连接时，要用后述的 OLD 指令。

> "常开触点"、"常闭触点"及后文提到的"能流"等概念参见本书 6.2 节"3.PLC 的程序编制"部分内容。

（2）串联电路块的并联连接指令 OLD

两个或两个以上的接点串联连接的电路叫串联电路块。串联电路块并联连接时，分支开始用 LD、LDN 指令，分支结束用 OLD 指令。OLD 指令与后述的 ALD 指令均为无目标元件指令，而两条无目标元件指令的步长都为一个程序步。OLD 有时也简称或块指令。

（3）并联电路的串联连接指令 ALD

两个或两个以上接点并联电路称为并联电路块，分支电路并联电路块与前面电路串联连接时，使用 ALD 指令。分支的起点用 LD、LDN 指令，并联电路结束后，使用 ALD 指令与前面电路串联。ALD 指令也简称与块指令，ALD 也是无操作目标元件指令，步长是一个程序步。

（4）输出指令（＝）

输出指令与线圈相对应，驱动线圈的触点电路接通时，线圈流过"能流"，输出类指令应放在梯形图的最右边，变量为 BOOL 型。

（5）置位与复位指令 S、R

S 为置位指令，使动作保持；R 为复位指令，使操作复位。从指定的位置开始的 N 个点的映像寄存器都被置位或复位（$N=1\sim255$），如果被指定复位的是定时器位或计数器位，将清除定时器或计数器的当前值。

（6）跳变触点 EU，ED

正跳变触点检测到一次正跳变（触点的输入信号由 0 到 1）时，或负跳变触点检测到一次负跳变（触点的输入信号由 1 到 0）时，触点接通到一个扫描周期。正/负跳变的符号为 EU/ED，它们没有操作数，触点符号中间的"P"和"N"分别表示正跳变和负跳变。

（7）空操作指令 NOP

NOP 指令是一条无动作、无目标元件的一程序步指令。

（8）程序结束指令 END

END 是一条无目标元件的一程序步指令。PLC 反复进行输入处理、程序运算、输出处理，若在程序最后写入 END 指令，则 END 以后的程序就不再执行，直接进行输出处理。在程序调试过程中，按段插入 END 指令，可以按顺序扩大对各程序段动作的检查。要注意的是在执行 END 指令时，也刷新监视时钟。

3）可编程控制器的编程语言概述

现代的可编程控制器一般备有多种编程语言供用户使用。《IEC1131-3》（可编程序控制器编程语言的国际标准）详细说明了下述可编程控制器编程语言。

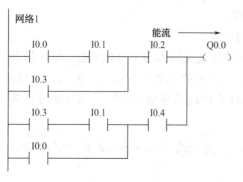

图 1-8　梯形图

- 顺序功能图
- 梯形图（见图 1-8）
- 功能块图
- 指令表
- 结构文本

其中梯形图是使用得最多的可编程控制器图形编程语言。梯形图与继电器控制系统的电路图很相似，具有直观易懂的优点，很容易被工厂熟悉继电器控制的电气人员掌握，特别适用于开关量逻辑控制，主要特点如下。

（1）可编程控制器梯形图中的某些编程元件沿用了继电器这一名称，如输入继电器、输出继电器、内部辅助继电器等，但是它们不是真实的物理继电器（即硬件继电器），而是在软件中使用的编程元件。每一编程元件与可编程序控制器存储器中元件映像寄存器的一个存储单元相对应。

（2）梯形图两侧的垂直公共线称为公共母线（BUSbar）。在分析梯形图的逻辑关系时，为了借用继电器电路的分析方法，可以想象左右两侧母线之间有一个左正右负的直流电源电压，当图中的触点接通时，有一个假想的"概念电流"或"能流"（Powerflow）从左到右流动，这一方向与执行用户程序时的逻辑运算的顺序是一致的。

（3）根据梯形图中各触点的状态和逻辑关系，求出与图中各线圈对应的编程元件的状态，称为梯形图的逻辑解算。梯形图中逻辑解算是按从上到下、从左到右的顺序进行的。

（4）梯形图中的线圈和其他输出指令应放在最右边。

（5）梯形图中各编程元件的常开触点和常闭触点均可以无限多次地使用。

可编程控制器的编程步骤：

（1）确定被控系统必须完成的动作及完成这些动作的顺序。

（2）分配输入输出设备，即确定哪些外围设备送信号到 PLC，哪些外围设备是接收来自 PLC 信号的，并将 PLC 的输入、输出口与之对应进行分配。

（3）设计 PLC 程序，画出梯形图。梯形图体现了按照正确的顺序所要求的全部功能及其相互关系。

（4）用计算机对 PLC 的梯形图直接编程。

（5）对程序进行调试（模拟和现场）。

（6）保存已完成的程序。

显然，在建立一个 PLC 控制系统时，必须首先把系统需要的输入、输出数量确定下来，然后按需要确定各种控制动作的顺序和各个控制装置之间的相互关系。确定控制上的相互关系之后，就可进行编程的第二步——分配输入输出设备，在分配了 PLC 的输入输出点、内部辅助继电器、定时器、计数器之后，就可以设计 PLC 程序，画出梯形图。梯形图画好后，使用编程软件直接把梯形图输入计算机并传输到 PLC 进行模拟调试，反复修改、传输、调试直至符合控制要求。这便是程序设计的整个过程。

4）S7-200 的自动化通信网络

可编程序控制器与计算机可以直接或通过通信处理单元、通信转接器相连构成网络，以实现信息的交换，并可构成"集中管理、分散控制"的分布式控制系统，满足工厂自动化（FA）系统发展的需要。各可编程序控制器或远程 I/O 模块按功能各自放置在生产现场进行分散控制，然后用网络连接起来，构成集中管理的分布式网络系统。S7-200 的通信方式与通信参数的设置主要内容如下。

（1）S7-200的通信方式

S7-200 的通信功能强，有多种通信方式可供用户选择。在运行 Windows 或 WindowsNT 操作系统的个人计算机（PC）上安装了 STEP7-Micro/WINV4.0 编程软件后，PC 可作为通信中的主站。

① 单主站方式：单主站与一个或多个从站相连，STEP7-Micro/WINV4.0 每次和一个 S7-200CPU 通信，但是它可以访问网络上的所有 CPU。

② 多主站方式：通信网络中有多个主站，一个或多个从站。带 CP 通信卡的计算机是主站，S7-200CPU 可以是从站或主站。

（2）S7-200 通信的硬件选择

表 1-1 给出了可供用户选择的 STEP7-Micro/WIN V4.0 支持的通信硬件和波特率。除此之外，S7-200 还可以通过 EM277 PROFIBUS-DP 模块连接到 PROFIBUS-DP 现场总线网络，各通信卡提供一个与 PROFIBUS 网络相连的 RS-485 通信口。表 1-2 给出了 S7-200 与 PROFIBUS 通信模块 EM227 的性能。

表 1-1　STEP7-Micro/WIN32 支持的硬件配置

支持的硬件	类型	支持的波特率/kbps	支持的协议
PC/PPI 电缆	到 PC 通信口的电缆连接器	9.6，19.2	PPI 协议
CP5611	PCI 卡（版本 3 或更高）	9.6，19.2，187.5	

表 1-2　S7-200 与 PROFIBUS 通信模块 EM277 的性能

连接口	支持的波特率（bps）	逻辑连接数	支持的协议
S7-200CPU			
口 0	9.6k	每个模块 4 个	PPI，MPI 和 PROFIBUS 协议
口 1	9.6k，19.2k，187.5k		
EM277PROFIBUS-DP 模块			
每个 CPU 最多 2 块	9.6k~12M	每个模块 6 个	MPI 和 PROFIBUS 协议

（3）网络部件

① 通信口。S7-200CPU 上的通信口是与 RS-485 兼容的 9 针 D 型连接器，符合欧洲标准 EN50170。表 1-3 给出了通信口的引脚分配。

表 1-3　S7-200CPU 通信口引脚分配

引脚（针）	PROFIBUS 名称	端口 0/端口 1
1	屏蔽	逻辑地
2	24V 返回	逻辑地
3	RS-485 信号 B	RS-485 信号 B
4	发送申请	RTS（TTL）
5	5V 返回	逻辑地
6	+5V	+5V，100 Ω 串联电阻
7	+24V	+24V
8	RS-485 信号 A	RS-485 信号 A
9	不用	10 位协议选择
连接器外壳	屏蔽	屏蔽

② 网络连接器。利用西门子提供的两种网络连接器可以把多个设备很容易地连到网络中。两种连接器都有两组螺钉端子，可以连接网络的输入和输出。一种连接器仅提供连接到 CPU 的接口，而另一种连接器增加了一个编程接口。两种网络连接器还有网络偏置和终端偏置的选择开关，OFF 位置时未接终端电阻。接在网络终端部的连接器上的开关应放在 ON 位置。

③ 使用 PC/PPI 电缆通信。使用 PC/PPI 电缆可实现 S7-200CPU 与 RS-232 标准兼容的设备的通信。当数据从 RS-232 传送到 RS-485 口时，PC/PPI 电缆以发送模式工作。当数据从 RS-485 传送到 RS-232 口时，PC/PPI 电缆以接收模式工作。检测到 RS-232 的发送线有字符时，电缆立即从接收模式切换到发送模式。RS-232 发送线处于闲置的时间超过电缆切换时间时，电缆又切换到接收模式。

5）在编程软件中安装与删除通信接口

在 STEP7-Micro/WINV4.0 中选择菜单命令"检视→通信"或单击浏览栏中的通信图标，

可进入设置通信的对话框。在对话框中双击 PC/PPI 电缆的图标，出现"设置 PG/PC 接口（Set PG/PC Interface）"对话框。按"Select（选择）"按钮，出现"安装/删除"窗口，可用它来安装或删除通信硬件。对话框的左侧是可供选择的通信硬件，右侧是已经安装好的通信硬件。

（1）通信硬件的安装

从左边的选择列表框中选择要安装的硬件型号，窗口下部显示出对选择的硬件的描述。单击"Install（安装）"按钮，选择的硬件将出现在右边的"Installed（已安装）"列表框。安装完后按"Close（关闭）"按钮，回到"设置 PG/PC 接口"对话框。

（2）通信硬件的删除

在"安装/删除"窗口中右边的已安装列表框中选择硬件，单击"Uninstall（删除）"按钮，选择的硬件被删除。

安装完硬件后，在已安装列表栏中选择它，单击"Resource（资源）"按钮，出现资源对话框，该框允许修改实际安装的硬件的系统设置值。如果该按钮呈灰色，说明不用修改参数。此时可能需要参考硬件手册，根据硬件设置决定对话框中列举的各个参数的设置值。为了正确建立通信，可能需要试几个不同的中断。

（3）计算机使用的通信接口参数的设置

打开"设置PG/PC接口"对话框，"Micro/WIN"应出现在"Access Point of the Application（应用的访问接点）"列表框中。

PC/PPI 电缆只能选用 PPI 协议：选择好通信协议后，单击"设置 PG/PC 接口"对话框中的"属性（Properties）"按钮，然后在弹出的窗口中设置通信参数。

PC/PPI 电缆的 PPI 参数设置：如果使用 PC/PPI 电缆，在"设置 PG/PC 接口"对话框中单击"属性"按钮，就会出现 PC/PPI 电缆（PPI）的属性窗口。

进行通信时，STEP7-Micro/WIN V4.0 的默认设置为多主站 PPI 协议。此协议允许STEP7-Micro/WIN V4.0 与其他主站（TD200 或操作员面板）在网络中共为主站。选中 PG/PC接口中 PC/PPI 电缆属性对话框中的"多主站网络（Multiple Master Network）"，即可启动此模块，未选择时为单主站协议。

6）S7-200 的网络通信协议

S7-200 支持多种通信协议，如点对点接口（PPI）、多点接口（MPI）、PROFIBUS、以太网通信和调制解调器通信。它们都是基于字符的异步通信协议，带有起始位、8 位数据、偶校验和 1 个停止位。通信帧由起始和结束字符、源和目的站地址、帧长度和数据完整性校验组成。只要波特率相同，几个协议就可以在网络中同时运行，不会相互影响。

协议支持一个网络中的 127 个地址（0～126），网络中最多可有 32 个主站，各设备的地址不能重复。运行 STEP7-Micro/WIN V4.0 的计算机的默认地址为 0，操作员面板的默认地址为 1，可编程控制器的默认地址为 2。

任务二　技能准备

子任务一　上料检测单元气动控制

气动控制系统是本工作单元的执行机构，该执行机构的逻辑控制功能是由 PLC 实现的。

气动控制回路的工作原理见图1-9。1B1、1B2为安装在推料气缸的两个极限工作位置的磁性传感器。1Y1为控制推料气缸的电磁阀。

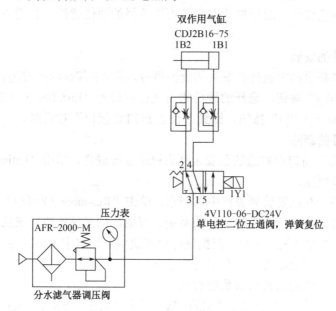

图1-9　上料检测单元气动原理图

子任务二　上料检测单元电气控制

PLC的控制原理图如图1-10所示。

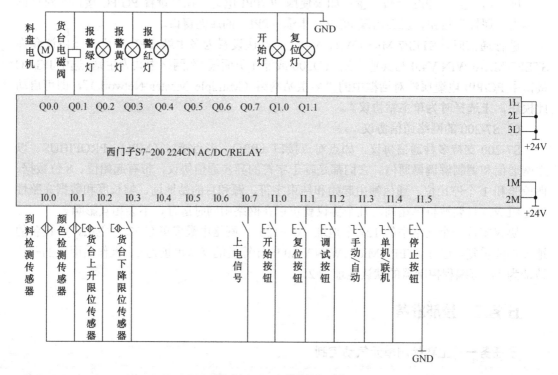

图1-10　PLC控制原理图

该单元的复位信号、开始信号、停止信号均从触摸屏发出，经过 S7-300 程序处理后，向各单元发送控制要求，以实现各站的复位、开始、停止等操作。各从站在运行过程中的状态信号，应存储到该单元 PLC 规划好的数据缓冲区，以实现整个系统的协调运行。表 1-4 为系统运行的网络读/写数据规划表。

表 1-4　网络读/写数据规划表

序号	系统输入网络向 MES 发送数据	从站 S7-200 数据（上料）	主站对应数据（S7-300）	功能
1	上电 I0.7	V10.7	I22.7	上料检测单元实际的 PLC 的 I/O 分配缓冲区以及该单元的数据缓冲区要和 S7-300 主站硬件组态时的数据缓冲区相对应
2	开始 I1.0	V11.0	I23.0	
3	复位 I1.1	V11.1	I23.1	
4	调试 I1.2	V11.2	I23.2	
5	手动 I1.3	V11.3	I23.3	
6	联机 I1.4	V11.4	I23.4	
7	停止 I1.5	V11.5	I23.5	
8	开始灯 Q1.0	V13.0	I25.0	
9	复位灯 Q1.1	V13.1	I25.1	
10	已经加工	VW8	IW20	

通常的安装过程（通信电缆为标准的 PROFIBUS-DP 电缆）如下。

（1）将 PLC 控制板装入各站小车内。

（2）将控制面板接头插入 C1 的插槽内。

（3）将 PLC 控制板上接头 C4 插入执行部分接线端子的 C4 插槽内。

（4）使用联机模式时，用 DP 通信电缆将各站的 EM277 模块连接起来。

（5）将控制面板上的两个二位旋转开关分别旋至自动和联网状态。

注意！任何一处 DP 接头的连接之前，必须关掉电源。

1.3　上料检测单元项目实施——单元技能训练

1．训练目的

按照上料检测站单元工艺要求，先按计划进行机械安装与调试，设计和完成电路的连接，并设计好调试程序和自动连续运行程序。

2．训练要求

（1）熟悉上料检测单元的功能及结构组成，并能正确安装。

（2）能够根据控制要求设计气动控制回路原理图，安装气动执行器件并调试。

（3）能安装所使用的传感器并调试。

（4）能查明 PLC 各端口地址，根据要求编写程序并调试。

（5）上料检测单元安装与调试时间计划共计 6 个小时，以 2～3 人为一组，并根据表1-5 进行记录。

表 1-5　工作计划表

步骤	内容	计划时间	实际时间	完成情况
1	整个练习的工作计划			
2	制订安装计划			
3	线路描述和项目执行图纸			
4	写材料清单，领取材料及工具			
5	机械部分安装			
6	传感器安装			
7	气路安装			
8	电路安装			
9	连接各部分器件			
10	各部分及程序调试			

3. 上料检测单元清单

请同学们仔细查看器件，根据所选系统及具体情况填写表 1-6。

表 1-6　上料检测单元材料清单

序号	代号	物品名称	规格	数量	备注（产地）
1		料斗			
2		回转台			
3		导料机构			
4		平面推力轴承			
5		工件滑道			
6		提升装置			
7		光电传感器			
8		开关电源			
9		可编程序控制器			
10		按钮			
11		I/O 接口板			
12		通信接口板			
13		电气网孔板			
14		直流减速电动机			
15		电磁阀组			
16		气缸			

任务一　上料检测单元机械拆装与调试

1. 任务目的

（1）锻炼和培养学生的动手能力。

（2）加深对各类机械部件的了解，掌握其机械的结构。

（3）巩固和加强机械制图课程的理论知识，为机械设计、专业课等后续课程的学习奠定必要的基础。

（4）掌握机械总成、各零部件及其相互间的连接关系、拆装方法和步骤及注意事项。

（5）锻炼动手能力，学习拆装方法和正确地使用常用机、工、量具和专门工具。

（6）熟悉和掌握安全操作常识，零部件拆装后的正确放置、分类及清洗方法，培养文明生产的良好习惯。

（7）通过计算机制图，绘制单个零部件图。

2. 任务内容

（1）识别各种工具，掌握正确使用方法。

（2）拆卸、组装各机械零部件、控制部件，如气缸、电动机、转盘、过滤器、PLC、开关电源、按钮等。

（3）装配所有零部件（装配到位，密封良好，转动自如）。

> **注意：**
> 在拆卸零件的过程中整体的零件不允许破坏性拆开，如气缸，丝杆副等。

3. 实训装置

（1）台面：警示灯机构、提升机构、上料机构、执行机构。

（2）网孔板：PLC控制机构、供电机构。

（3）各种拆装工具。

4. 机械原理

具体拆卸与组装时应注意**先外部后内部，先部件后零件**，按装配工艺顺序进行，拆卸的零件按顺序摆放，进行必要的记录、擦洗和清理。装配时按顺序进行，要一次安装到位。每个学生都要动手。

> **注意：**
> 先拆的后装、后拆的先装！

5. 任务步骤

1）拆卸

工作台面：

① 准备各种拆卸工具，熟悉工具的正确使用方法。

② 了解所拆卸的机器主要结构，分析和确定主要拆卸内容。

③ 端盖、压盖、外壳类拆卸；接管、支架、辅助件拆卸。

④ 主轴、轴承拆卸。

⑤ 内部辅助件及其他零部件拆卸、清洗。

⑥ 各零部件分类、清洗、记录等。

网孔板：

① 准备各种拆卸工具，熟悉工具的正确使用方法。

② 了解所拆卸的器件主要分布，分析和确定主要拆卸内容。

③ 主机PLC、空气开关、熔断丝座、I/O接口板、转接端子及端盖、开关电源，以及导轨的拆卸。

④ 注意各元器件分类、元器件的分布结构、记录等。

2）组装

① 理清组装顺序，先组装内部零部件，组装主轴及轴承。

② 组装轴承固定环、上料地板等工作部件。

③ 组装内部件与壳体。

④ 组装压盖、接管及各辅助部件等。

⑤ 检查是否有未装零件，检查组装是否合理、正确和适度。

具体安装步骤可参考示意图1-11。

6. 上料检测单元机械拆装任务书

见图1-11。

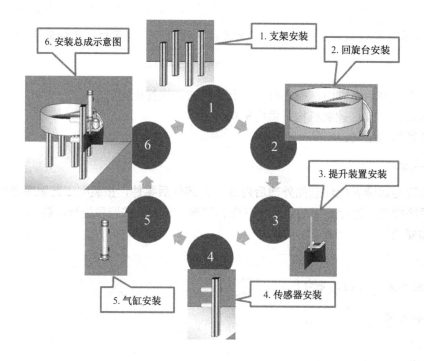

图1-11　上料检测单元气机械拆装示意图

表1-7至表1-10为实训相关表格。

表1-7　培训项目（单元）培养目标

项目（单元）任务单	项目（单元）名称		项目执行人	编号
	上料检测单元的拆装			
班级名称	开始时间		结束时间	总学时
班级人数				180分钟

续表

项目（单元）培养内容		
模块	序号	内容
知识目标	1	锻炼和培养学生的动手能力
	2	掌握机械总成、各零部件及其相互间的连接关系、拆装方法和步骤及注意事项
	3	学习拆装方法和正确地使用常用机、工、量具和专门工具
能力目标	1	识别各种工具，掌握正确使用方法
	2	掌握拆卸、组装各机械零部件、控制部件的方法，如气缸、电动机、转盘、过滤器、电磁阀
	3	熟悉和掌握安全操作常识，掌握零部件拆装后的正确放置、分类及清洗方法，培养文明生产的良好习惯
	4	强化学生的安全操作意识
	5	锻炼学生的自我学习能力和创新能力
执行人签名	教师签名	教学组长签名

表1-8　培训项目（单元）执行进度单

项目（单元）执行进度单	项目（单元）名称		项目执行人	编号
	上料检测单元的拆装			
班级名称	开始时间		结束时间	总学时
班级人数				180分钟
项目（单元）执行进度				
序号	内容		方式	时间分配
1	根据实际情况调整小组成员，布置实训任务		教师安排	5分钟
2	小组讨论，查找资料，根据生产线的工作站单元总图、气动回路原理图、安装接线图，列出单元机械组成、各零件数量、型号等		学员为主，教师点评	20分钟
3	准备各种拆卸工具，熟悉工具的正确使用方法		学员，器材管理员	10分钟
4	了解所拆卸的机器主要结构，分析和确定主要拆卸内容		学员为主；教师指导	10分钟
5	端盖、压盖、外壳类拆卸；接管、支架、辅助件拆卸；主轴、轴承拆卸；内部辅助件及其他零部件的拆卸、清洗		学员为主；教师指导	45分钟
6	参考总图，理清组装顺序，先组装内部零部件，组装主轴及轴承。检查是否有未装零件，检查组装是否合理、正确和适度		学员为主；互相检查	45分钟
7	拆装过程中，做好各零部件分类、清洗、记录等		学员为主；教师指导	15分钟
8	组装过程中，在教师指导下，解决碰到的问题，并鼓励学生互相讨论，自己解决		学员为主；教师引导	10分钟
9	小组成员交叉检查并填写实习实训项目（单元）检查单		学员为主	10分钟
10	教师给学员评分		教师评定	10分钟

表 1-9　培训项目（单元）设备、工具准备单

项目（单元）设备、工具准备单		项目（单元）名称	项目执行人	编号
		上料检测单元的拆装		
班级名称		开始时间	结束时间	
班级人数				
项目（单元）设备、工具				
类型	序号	名称	型号	台（套）数	备注

类型	序号	名称	型号	台（套）数	备注
设备	1	自动生产线实训装置	THMSRX-3 型	3 套	每个工作站安排 2 人（实验室提供）
工具	1	数字万用表	9205	1 块	实训场备
	2	十字螺丝刀	8、4 寸	2 把	
	3	一字螺丝刀	8、4 寸	2 把	
	4	镊子		1 把	
	5	尖嘴钳	6 寸	1 把	
	6	扳手			
	7	内六角扳手		1 套	
执行人签名		教师签名	教学组长签名		

备注：所有工具都按工位分配。

表 1-10　培训项目（单元）检查单

项目（单元）名称		项目指导老师	编号
上料检测单元的拆装			
班级名称	检查人	检查时间	检查评等
检查内容	检查要点	评 价	
项目（单元）名称		项目指导老师	编号
参与查找资料，掌握生产线的工作站单元总图、气动回路原理图、安装接线图	能读懂图并且速度快		
列出单元机械组成、各零件数量、型号等	名称正确，了解结构		
工具摆放整齐	在操作中按照文明规范的要求		
工具的使用	识别各种工具，掌握正确使用方法		
拆卸、组装各机械零部件、控制部件	熟悉和掌握安全操作常识，零部件拆装后的正确放置、分类及清洗方法		
装配所有零部件	检查是否有未装零件，检查组装是否合理、正确和适度		
调试时操作顺序	机械部件状态（如运动时是否干涉，连接是否松动），气管连接正确和可靠		
调试成功	工作站各机械能正确完成工作，装配到位，密封良好，转动自如		
拆装出现故障	排除故障的能力以及对待故障的态度		

与小组成员合作情况	能否与其他同学和睦相处，团结互助	
遵守纪律方面	按时上、下课，中途不溜岗	
地面、操作台干净	接线完毕后能清理现场的垃圾	
小组意见		
教师审核		
被检查人签名	教师评等	教师签名

任务二 上料检测单元电气控制拆装与调试

子任务一 电气控制线路的分析、拆装和上料检测单元布线

1. 任务目的

1）掌握电路的基础知识、注意事项和基本操作方法。

2）能正确使用常用接线工具。

3）能正确使用常用测量工具（如：万用表）。

4）掌握电路布线技术。

5）能安装和维修各个电路。

6）掌握 PLC 外围直流控制及交流负载线路的接法及注意事项。

2. 实训设备

THMSRX-3 型 MES 网络型模块式柔性自动化生产线实训系统（8 站）。

3. 工艺流程

1）根据原理图、气动原理图绘制接线图，可参考实训台上的接线。

2）按绘制好的接线图研究走线方法，并进行板前明线布线和套编码管。

3）根据绘制好的接线图完成实训台台面、网孔板的接线。

4）按图检测电路，经教师检查后，通电可进行下一步工作。

4. 参考图纸

如图 1-12 所示。

子任务二 编写上料检测单元控制程序

1. 任务目的

1）利用所学的指令完成上料检测单元程序的编制。

2）本实训是 8 个单元中的第 1 站，通过熟悉第 1 站，可获得其他各站的相关内容，为整个 8 站的拼合与调试做好准备。

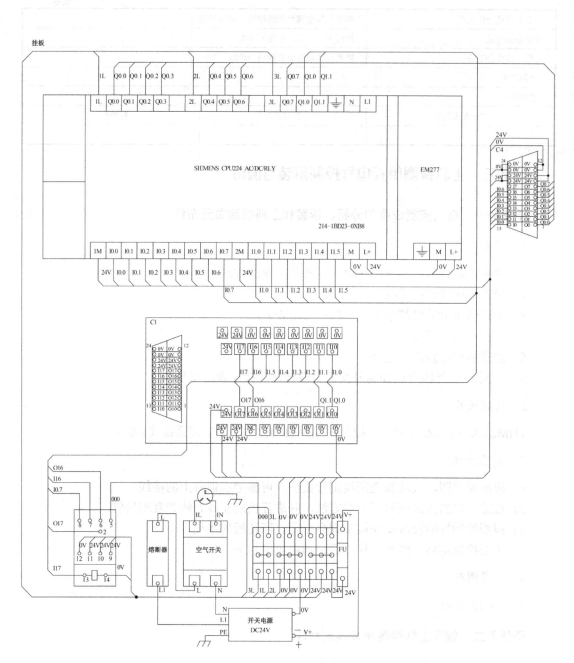

图 1-12　上料检测单元的接线图

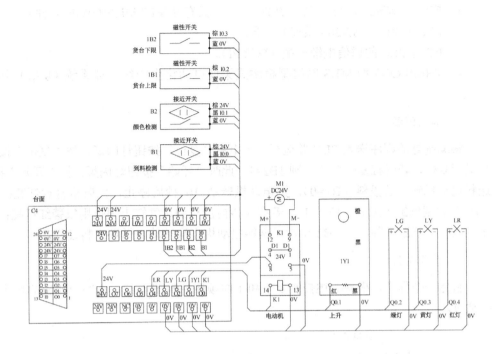

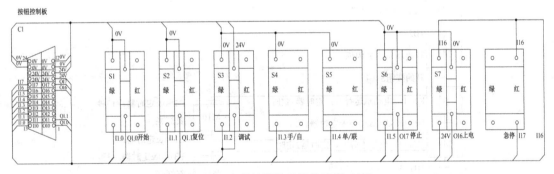

图1-12 上料检测单元的接线图（续）

2. 实训设备

1）安装有 Windows 操作系统的 PC 一台（具有 STEP7 MICROWIN 软件）。

2）PLC（西门子 S7-200 系列）一台。

3）PC 与 PLC 的通信电缆一根（PC/PPI）。

4）THMSRX-3 型 MES 网络型模块式柔性自动化生产线实训系统（8 站）上料检测单元。

3. 工艺流程

将编制好的程序送入 PLC 并运行。上电后"复位"按钮灯闪烁，按"复位"按钮，气缸进行复位，若气缸复位完成，则 1B2=1，此时"开始"按钮灯闪烁；按"开始"按钮后，送料电动机转，若没料（B1=0），则电动机转动 10 秒后停止，同时报警黄灯亮；若有料（B1=1），则气缸 1 上升（1Y1=1），若在 3 秒内没有到达气缸上限位则报警红灯亮；按"调试"按钮，气缸下降，待 1B2=1 后，送料电动机再次转动，循环上料过程。

4. 任务编程

新建一个程序，根据上述控制要求和下面顺序控制图 1-13，编写出相应的程序，并运行通过。

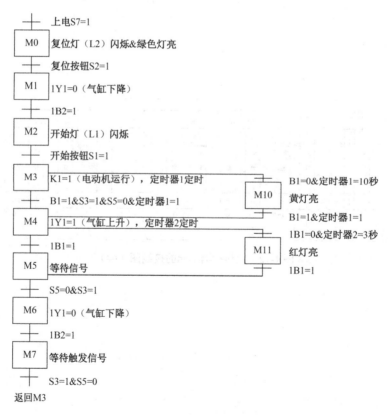

图 1-13　上料检测单元顺序控制图

5. 上料检测单元电气控制拆装任务书

见表 1-11 至表 1-14。

表 1-11　培训项目（单元）培养目标

项目（单元）任务单		项目（单元）名称	项目执行人	编号
		上料检测单元电气控制拆装		
班级名称		开始时间	结束时间	总学时
班级人数				180分钟
项目（单元）培养内容				
模块	序号	内　容		
知识目标	1	掌握 PLC 软件及基本指令的应用		
	2	掌握自动生产线控制程序的编写方法		
	3	掌握 PLC 控制系统的总体构建的方法		
能力目标	1	知道 PLC 在自动生产线中的应用		
	2	能进行 PLC 电气系统图的识图、绘制，硬件电路接线		
	3	会进行自动生产线 PLC 控制程序的编写及调试		
	4	能解决编程过程中遇到的实际问题		
	5	能锻炼学生的自我学习能力和创新能力		
执行人签名		教师签名		教学组长签名

表 1-12　培训项目（单元）执行进度单

项目（单元）执行进度单		项目（单元）名称	项目执行人	编号
		上料检测单元电气控制拆装		
班级名称		开始时间	结束时间	总学时
班级人数				180分钟
项目（单元）执行进度				
序号	内　容		方式	时间分配
1	根据实际情况调整小组成员，布置实训任务		教师安排	5分钟
2	小组讨论，查找资料，根据生产线的工作站单元硬件连线图、软件控制电路原理图列出单元控制部分组成、各元件数量、型号等		学员为主，教师点评	10分钟
3	根据 I/O 分配及硬件连线图，对 PLC 的外部线路完成连接		学员为主，教师点评	10分钟
4	根据控制要求及 I/O 分配，对 PLC 进行编程		学员为主，教师指导	45分钟
5	检查硬件线路并对出现的故障进行排除		学员为主，互相检查	45分钟
6	画出程序流程图或顺序功能图并记录，以备调试程序时参考		学员为主，教师指导	20分钟
7	检查程序，并根据出现的问题调整程序，直到满足控制要求为止		学员为主，教师指导	15分钟
8	硬件及软件实训过程中，在教师指导下，解决碰到的问题，鼓励学生互相讨论，自己解决		学员为主，教师引导	10分钟
9	小组成员交叉检查并填写实习实训项目（单元）检查单		学员为主	10分钟
10	教师给学员评分		教师评定	10分钟
执行人签名		教师签名		教学组长签名

表 1-13　培训项目（单元）设备、工具准备单

项目（单元）设备、工具准备单		项目（单元）名称		项目执行人	编号
		上料检测单元电气控制拆装			
班级名称		开始时间		结束时间	
班级人数					
项目（单元）设备、工具					
类型	序号	名称	型号	台（套）数	备注
设备	1	自动生产线实训装置	THMSRX-3 型	3 套	每个工作站安排 2 人（实验室提供）
工具	1	数字万用表	9205	1 块	实训场备
	2	十字螺丝刀	8、4 寸	2 把	
	3	一字螺丝刀	8、4 寸	2 把	
	4	镊子		1 把	
	5	尖嘴钳	6 寸	1 把	
	6	扳手			
	7	内六角扳手		1 套	
执行人签名		教师签名		教学组长签名	

备注：所有工具都按工位分配。

表 1-14　培训项目（单元）检查单

项目（单元）名称		项目指导老师		编号
上料检测单元电气控制拆装				
班级名称	检查人	检查时间		检查评等
检查内容	检查要点		评　价	
参与查找资料，掌握生产线的工作站单元硬件连线图、I/O 分配原理图、程序流程图	能读懂图并且速度快			
列出单元 PLC 的 I/O 分配、各元件数量、型号等	名称正确，和实际的一一对应			
工具摆放整齐	操作要求文明规范			
万用表等工具的使用	识别各种工具，掌握正确使用方法			
传感器等控制部件的正确安装	熟悉和掌握安全操作常识，以及器件安装后的正确放置、连线及测试方法			
装配所有器件后，通电联调	检查是否能正确动作，对出现的故障能否排除			
调试程序时操作顺序	是否有程序流程图，调试是否有记录以及故障的排除			
调试成功	各工作站能分别正确完成工作，运行良好			
硬件及软件出现故障	排除故障的能力以及对待故障的态度			
与小组成员合作情况	能否与其他同学和睦相处，团结互助			
遵守纪律方面	按时上、下课，中途不溜岗			
地面、操作台干净	接线完毕后能清理现场的垃圾			
小组意见				
教师审核				
被检查人签名	教师评等		教师签名	

任务三 上料检测单元的调试及故障排除

在机械拆装以及电气控制电路的拆装过程中，能进一步了解掌握设备调试的方法、技巧及需要注意的要点，培养严谨的作风，须注意以下几点。

1）所用工具的摆放位置及使用方法。

2）所用各部分器件的好坏及归零。

3）注意各机械设备的配合动作及电动机的平衡运行。

4）电气控制电路的拆装过程中，必须认真检查线路的连接。重点检查电源线的走向。

5）在程序下载前，必须认真检查。重点检查各个执行机构之间是否会发生冲突，如有冲突，应立即停下，认真分析原因（机械、电气、程序等）并及时排除故障，以免损坏设备。

6）总结经验，把调试过程中遇到的问题、解决的方法记录在表1-15中。

表1-15 调试运行记录表

观察步骤 \ 观察项目 结果	料斗	回旋台	导料机构	提升装置	减速电动机	信号灯	气缸	传感器	PLC	单元动作
各机械设备的动作配合										
各电气设备是否正常工作										
电气控制线路的检查										
程序能否正常下载										
单元是否按程序正常运行										
故障现象										
解决方法										

表1-16用于评分。

表1-16 总评分表

评分内容	配分	评分标准	学生自评	教师评分	备注
上料检测单元	工作计划 材料清单 气路图 电路图 接线图 程序清单 12	没有工作计划扣2分；没有材料清单扣2分；气路图绘制有错误的扣2分；主电路绘制有错误的，每处扣1分；电路图符号不规范，每处扣1分			
	零件故障和排除 10	料斗、回转台、导料机构、平面推力轴承、工件滑道、提升装置、检测工件和颜色识别光电开关、开关电源、可编程序控制器、按钮、I/O接口板、通信接口板、电气网孔板、直流减速电动机、电磁阀及气缸等零件没有测试以确认好坏并予以维修或更换。每处扣1分			

续表

| 班级　　第　组 | | | 评分标准 | 学生自评 | 教师评分 | 备注 |
评分内容	配分					
上料检测单元	机械故障和排除	10	错误调试导致回旋台及导料机构不能运行，扣6分			
			提升装置调整不正确，每处扣1.5分			
			气缸调整不恰当，扣1分			
			有紧固件松动现象，每处扣0.5分			
	气路连接故障和排除	10	气路连接未完成或有错，每处扣2分			
			气路连接有漏气现象，每处扣1分			
			气缸节流阀调整不当，每处扣1分			
			气管没有绑扎或气路连接凌乱，扣2分			
	电路连接故障和排除	20	不能实现要求的功能、可能造成设备或元件损坏，1分/处；最多扣4分			
			没有必要的限位保护、接地保护等，每处扣1分，最多扣3分			
			必要的限位保护未接线或接线错误扣1.5分			
			端子连接，插针压接不牢或超过2根导线，每处扣0.5分，端子连接处没有线号，每处扣0.5分。两项最多扣3分；电路接线没有绑扎或电路接线凌乱，扣1.5分			
	程序的故障和排除	20	按钮不能正常工作，扣1.5分			
			上电后不能正常复位，扣1分			
			参数设置不对，不能正常和PLC通信，扣1分			
			指示灯亮灭状态不满足控制要求，每处扣0.5分			
单元正常运行工作	初始状态检查和复位，系统正常停止	8	运行过程缺少初始状态检查，扣1.5分。初始状态检查项目不全，每项扣0.5分。系统不能正常运行扣2分，系统停止后，不能再启动扣0.5分			
职业素养与安全意识		10	现场操作安全保护符合安全操作规程；工具摆放、包装物品、导线线头等的处理符合职业岗位的要求；团队有分工有合作，配合紧密；遵守现场纪律，尊重现场工作人员，爱惜现场的设备和器材，保持工位的整洁			
总计		100				

1.4　重点知识、技能归纳

（1）现代化的自动生产设备（自动生产线）的最大特点是其综合性和系统性。在这里，机械技术、电工电子技术、传感器技术、PLC控制技术、接口技术、驱动技术、网络通信技术、触摸屏组态编程等多种技术有机地结合，并综合应用到生产设备中；而系统性指的是生产线的传感检测、传输与处理、控制、执行与驱动等机构在PLC的控制下协调有序地工作并有机地融合在一起。

（2）学习本部分内容时应通过训练熟悉上料检测单元的结构与功能，亲身实践自动生产线的气动技术、PLC 等控制技术，并使这些技术融会贯通。

1.5　工程素质培养

（1）了解自动化生产线的功能、作用、特点以及发展概况。谈谈你的想法。

（2）了解当前国内、国际上的主要自动化生产线生产厂家以及当前自动控制技术的进展、应用领域与行业。

（3）了解当前国内、国际上的主要 PLC 设备生产厂家以及当前 PLC 技术的进展、应用领域与行业。

（4）认真执行培训项目（单元）执行进度记录，归纳上料检测单元 PLC 控制调试中的故障原因及排除故障的思路。

（5）用软件画出上料检测单元的电气接线图和 PLC 外部接线图。

（6）在机械拆装以及电、气动控制电路的拆装过程中，进一步掌握电动机与上料台及传感元件安装、调试的方法和技巧，并组织小组讨论和各小组之间的交流。

项目二 搬运单元

2.1 搬运单元项目引入

1. 主要组成与功能

搬运单元由气动机械手、双导杆气缸、回转台、单杆气缸、旋转气缸、磁性传感器、开关电源、可编程序控制器、按钮、I/O接口板、通信接口板、电气网孔板、多种类型电磁阀组成，如图2-1所示。主要作用是将工件从上料单元搬运到加工单元待料区工位。

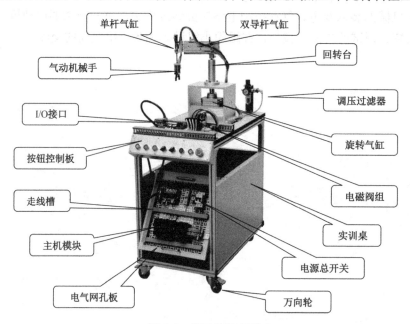

图2-1 搬运单元总图

（1）气动机械手：完成工件的抓取动作，由双向电控阀控制，手爪放松时磁性传感器有信号输出，磁性开关指示灯亮。

（2）双导杆气缸（双联气缸）：控制机械手臂伸出、缩回，由双向电控气阀控制。

（3）回转台：采用旋转气缸设计，由双向电控气阀控制机械的左、右摆动。

（4）单杆气缸：由单向气动电控阀控制。当气动电磁阀得电时，气缸伸出，同时将物料送至等待位。

（5）磁性传感器：用于气缸的位置检测。当检测到气缸准确到位后将给PLC发出一个到位信号（磁性传感器接线时注意蓝色接"–"，棕色接"PLC 输入端"）。

（6）开关电源：完成整个系统的供电任务。

（7）I/O接口板：完成PLC信号与传感器、电磁信号、按钮之间的转接。

（8）按钮控制板：用于系统的基本操作、单机控制、联机控制。

（9）安装支架：用于安装提升气缸及各个检测传感器。

（10）电气网孔板：主要安装 PLC 主机模块、空气开关、开关电源、I/O 接口板、各种接线端子等。

2. 主要技术指标

控制电源：直流 24V/4.5A。

PLC 控制器：西门子。

电磁阀：4V110-06-DC、4V120-06-DC、4V130-06-DC。

调速阀：出气节流式。

磁性传感器：D-C73L、D-A73、D-Z93。

气动机械手：MHZ2-16D。

旋转气缸：MSQB20R。

双联气缸：CXSM15-100。

单杆气缸：CDJ2KB16-45。

3. 工艺流程

上料完成后，双导杆气缸前伸，前限位磁性传感器检测到位后延时 0.5 秒，前臂单杆气缸下降，前臂单杠气缸磁性传感器检测到位后延时 0.5 秒，气动手抓取工件，夹紧工件后延时 0.5 秒；前臂单杆气缸上升，双导杆气缸缩回，双导杆气缸后限位磁性传感器检测到位后，气动机械手摆台向右摆动，摆台右限位磁性传感器检测到位后，双导杆气缸前伸，前限位磁性传感器检测到位后延时 0.5 秒，前臂单杠气缸下降，前臂单杠气缸磁性传感器检测到位后延时 0.5 秒，气动手将工件放入待料工位，延时 0.5 秒，前臂单杆气缸上升，双导杆气缸缩回，后限位磁性传感器检测到位后，气动机械手摆台向左摆动，摆台左限位磁性开关到位后，等待下一个工件到位，重复上面的动作。

2.2 搬运单元项目准备

任务一 知识准备——气动控制

子任务一 气动控制系统和气动执行元件的认识

1. 气动控制系统

气动控制系统由气源装置、气管及开关、电磁阀组与气缸等构成（见图2-2）。

（1）气源装置的认知

气源发生装置简称气源装置，是将常压气体转换成压缩气体的装置，提供的是压缩能。

气源装置主要由空气压缩机、冷却器、分水过滤器、储气罐等组成，其主体部分是空气压缩机（另外还有气源净化元件）。如图 2-3 所示。空气过滤器、减压阀、油雾器是气源三联体，主要用于调整输出压力能的压力和流量。

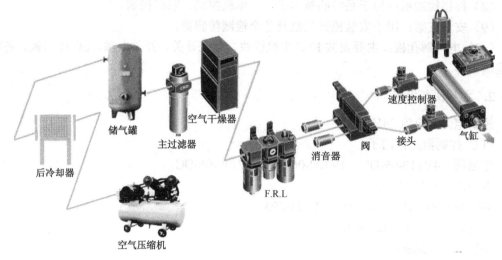

图 2-2　气动控制系统的构成

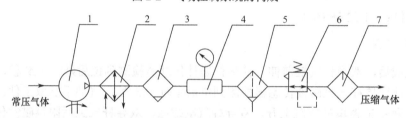

1—空气压缩机；2—冷却器；3—分水过滤器；4—储气罐；
5—空气过滤器；6—减压阀；7—油雾器

图 2-3　气源的组成

气源装置作为动力源，通过汇流板将压缩空气接入气缸，气流的方向、大小由气动控制元件控制。图 2-4 为一个气源装置的实例。其他元件外形见图 2-5。

图 2-4　气源装置的组成

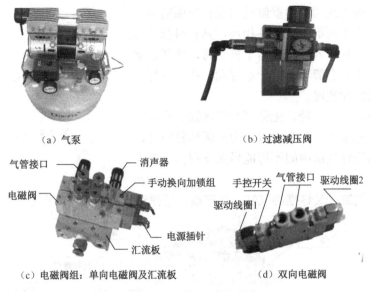

（a）气泵　　　　　　　　　　　　（b）过滤减压阀

（c）电磁阀组：单向电磁阀及汇流板　　　（d）双向电磁阀

图 2-5　气路系统

2. 气动执行元件的认知

气动执行元件是一种能量转换装置，它将压缩空气的压力能转换为机械能，驱动执行机构实现直线往复运动、摆动、旋转运动或冲击运动。气动系统常用的执行元件为气缸和气马达。

气缸用于实现直线往复运动或摆动，输出力和直线速度或摆动角位移；气马达用于实现连续回转运动，输出转矩和转速。气缸包括笔形气缸、薄形气缸、回转气缸、双杆气缸、手指气缸等，如图 2-6 所示。

（a）薄形气缸　　　（b）双杆气缸　　　（c）手指气缸

（d）笔形气缸　　　（e）回转气缸

图 2-6　各种气缸

（1）直线气缸：主要由缸筒、活塞杆、前后端盖及密封件等组成，图 2-7 为普通型单活塞双作用气缸结构。

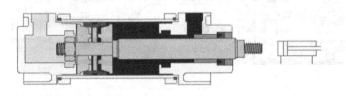

图 2-7　普通型单活塞双作用气缸结构及电气符号

（2）磁性无杆气缸：磁性耦合的无杆气缸，如图 2-8 所示。在活塞上安装一组高磁性的永久磁环，磁力线通过薄壁缸筒与套在外面的另一组磁环作用。由于两组磁环极性相反，具有很强的吸力。当活塞在一侧输入气压作用下移动时，则在磁耦合力作用下，带动套筒与负载一起移动。在气缸行程两端设有空气缓冲装置。

图 2-8　磁性无杆气缸

特点：小型、重量轻、无外部空气泄漏、维修保养方便。但当速度快、负载大时，内外磁环易脱开，且磁性耦合的无杆气缸中间不可能增加支撑点，最大行程受到限制。

（3）回转气缸：又称摆动气缸，生产线上用摆动气缸的结构如图 2-9 至图 2-11 所示。

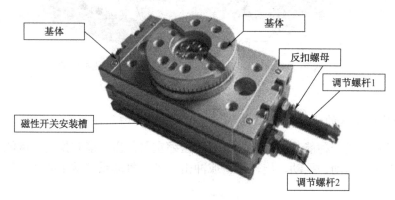

图 2-9　回转气缸结构图

齿轮齿条式摆动气缸有单齿条和双齿条两种。图 2-10（b）为单齿条式摆动气缸的结构原理图，压缩空气推动活塞 6 带动齿条 3 直线运动，齿条 3 则推动齿轮 4 旋转，由输出轴 5（齿轮轴）输出力矩。输出轴与外部机构的转轴相连，让外部机构摆动。

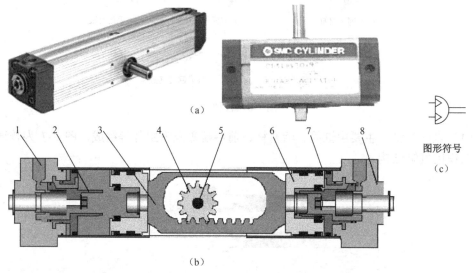

1-缓冲节流阀　2-缓冲柱塞　3-齿条组件　4-齿轮　5-输出轴　6-活塞　7-缸体　8-端盖

图 2-10　齿轮齿条式气缸结构原理图

摆动气缸的行程终点位置可调，且在终端可调缓冲装置，缓冲大小与气缸摆动的角度无关，在活塞上装有一个永久磁环，行程开关可固定在缸体的安装沟槽中。图 2-10（a）为其外形图。

叶片式摆动气缸可分为单叶片式、双叶片式和多叶片式。叶片越多，摆动角度越小，但扭矩却要增大。单叶片式输出摆动角度小于 360 度，双叶片式输出摆动角度小于 180 度，三叶片式则在 120 度以内。

图 2-11（b）、（c）分别为单、双叶片式摆动气缸的结构原理图。在定子上有两条气路，当左腔进气时，右腔排气，叶片在压缩空气作用下逆时针转动，反之顺时针转动。旋转叶片将压力传递到驱动轴上摆动。可调止动装置与旋转叶片相互独立，从而使得挡块可以调节摆动角度大小。在终端位置，弹性缓冲垫可对冲击进行缓冲。

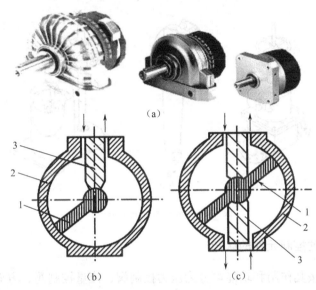

1—叶片；2—定子；3—挡块

图 2-11　叶片式回转气缸结构原理图

（4）气爪（手指气缸）：气爪能实现各种抓取功能，是现代气动机械手的关键部件，如图 2-12 所示。气爪的特点是：① 所有的结构都是双作用的，能实现双向抓取，可自动对中，重复精度高。② 抓取力矩恒定。③ 在气缸两侧可安装非接触式检测开关。④ 有多种安装、连接方式。

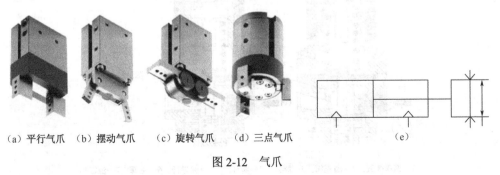

（a）平行气爪　（b）摆动气爪　（c）旋转气爪　（d）三点气爪

图 2-12　气爪

如图 2-12（a）所示为平行气爪，平行气爪通过两个活塞工作，两个气爪对心移动。这种气爪可以输出很大的抓取力，既可用于内抓取，也可用于外抓取。

如图 2-12（b）所示为摆动气爪，内外抓取 400 度摆角，抓取力大，并确保抓取力矩始终恒定。

如图 2-12（c）所示为旋转气爪，其动作和齿轮齿条的啮合原理相似。两个气爪可同时移动并自动对中，其齿轮齿条原理确保了抓取力矩始终恒定。

如图 2-12（d）所示为三点气爪，三个气爪同时开闭，适合夹持圆柱体工件及工件的压入工作。

（5）气动马达：见图 2-13，它是一种连续旋转运动的气动执行元件，是一种把压缩空气的压力能转换成回转机械能的能量转换装置，其作用相当于电动机或液压马达，它输出转矩，驱动执行机构旋转运动。在气压传动中使用广泛的是叶片式、活塞式和齿轮式气马达。

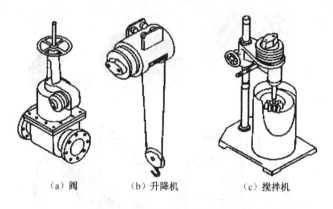

（a）阀　　　　　　（b）升降机　　　　　　（c）搅拌机

图 2-13　气动马达应用实例

子任务二　气动控制元件的认知

气动控制元件按其作用和功能可分为压力控制阀、流量控制阀、方向控制阀。

1. 压力控制阀

压力控制阀主要有减压阀、溢流阀。

（1）减压阀。减压阀的作用是降低由空气压缩机传来的压力，以适于每台气动设备的需要，并使这一部分压力保持稳定。其结构示意图见图 2-14，实物图见图 2-15。

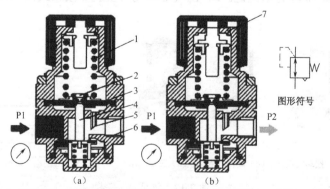

1—调压弹簧；2—溢流阀；3—膜片；4—阀杆；5—反弹导杆；6—主阀；7—溢流口

图 2-14　减压阀的结构示意图

图 2-15 减压阀的实物图

（2）溢流阀。溢流阀的作用是当系统压力超过调定值时，便自动排气，使系统的压力下降，以保证系统的安全，故也称其为安全阀（见图 2-16）。

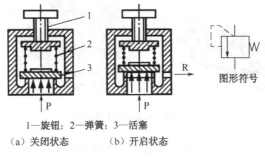

1—旋钮；2—弹簧；3—活塞

（a）关闭状态　　　（b）开启状态

图 2-16 安全阀的工作原理图

2. 流量控制阀

节流阀可将空气的流通截面缩小以增加气体的流通阻力，进而降低气体的压力和流量。如图 2-17 所示，阀体上有一个调整螺丝，可以调节流阀的开口度（无级调节），并可保持其开口度不变，此类阀称为可调节开口截流阀。

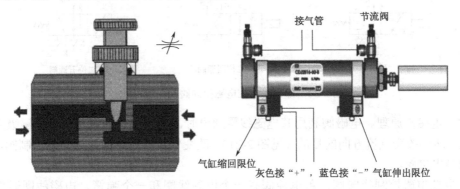

图 2-17 气缸与节流阀示意图

图 2-18 是一个装有两个限出型气缸节流阀的双动气缸的连接和调节原理示意图，当调节节流阀 B 时，可调整气缸的伸出速度，而当调节节流阀 A 时，可调整气缸的缩回速度。

3. 方向控制阀

气缸的正确运动使物料分拣到相应的位置，只要交换进出气的方向就能改变气缸的伸出（缩回）运动，气缸两侧的磁性开关可以识别气缸是否已经运动到位。而进出气方向的改变（即换向控制）可由手动和电控实现，见电磁阀组示意图（图2-19）。

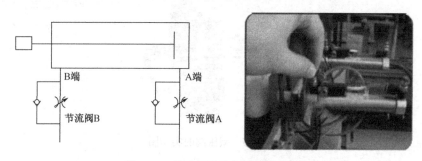

图2-18　节流阀连接与调整示意图

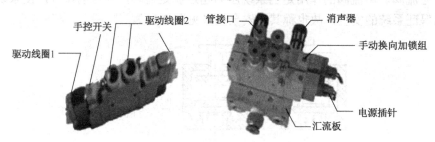

图2-19　电磁阀组示意图

（1）"位"与"通"的概念。"位"指的是为了改变气体方向，阀芯相对于阀体所具有的不同的工作位置，一个方块代表一个"位"，方块内的箭头表示气流的方向。"通"的含义则指换向阀与系统相连的通口，有几个通口即为几通。

如图2-20所示为二位三通（3/2阀）、二位四通（4/2阀）和二位五通（5/2阀）单控电磁换向阀的图形符号，图形中有几个方格就是几位，方格中的"┳"和"┴"符号表示各接口互不相通。

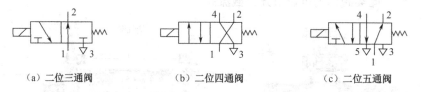

（a）二位三通阀　　　　　（b）二位四通阀　　　　　（c）二位五通阀

图2-20　部分单电控电磁换向阀的图形符号

（2）电磁阀原理。电磁阀利用其电磁线圈通电时，静铁芯对动铁芯产生电磁吸力使阀芯切换，达到改变气流方向的目的（见图2-21）。改变气流流动方向或通断的控制阀，通常使用的是电磁阀。

单电控电磁控制换向阀：单电控阀有一个电磁线圈和一个弹簧。电磁线圈通电时产生电磁力来控制气缸的伸出，电磁线圈失电时靠弹簧力复位，从而实现气缸的伸出、缩回运动。

（3）双向电磁控制换向阀。双向电控阀有两个电磁线圈，分别用来控制气缸的进气和出气，从而实现气缸的伸出、缩回运动。电控阀内装的红色指示灯有正负极性，如果极性接反了也能正常工作，但指示灯不会亮。见图2-22。

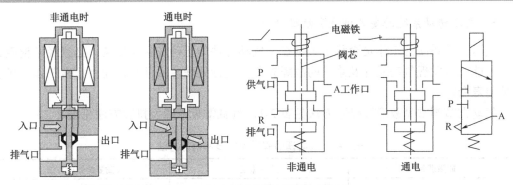

图 2-21 单电控电磁换向阀的工作原理

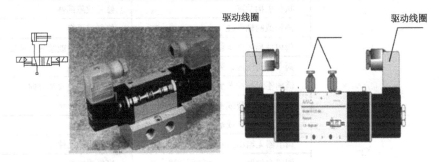

图 2-22 双向电磁阀示意图

4. 气动控制回路的认知

如图 2-23 至图 2-25 所示。

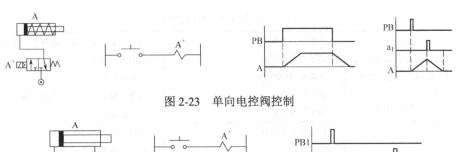

图 2-23 单向电控阀控制

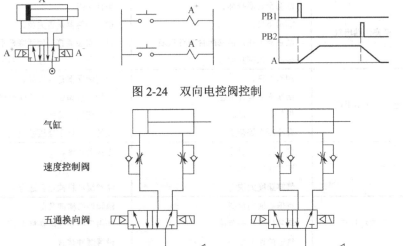

图 2-24 双向电控阀控制

图 2-25 气动控制回路

5. 气压传动系统的安装调试和故障分析

气压传动系统的工作是否稳定关键在于气动元件的正确选择及安装。必须经常检查维护，才能及时发现气动元件及系统的故障先兆并进行处理，保证气动元件正常工作，延长其使用寿命。

气动调节阀常见故障及排除方法见表 2-1，气缸常见故障及排除方法见表 2-2。

表 2-1　气动调节阀常见故障和消除方法

故障现象	产生原因	简要的处理方法
阀门未动作	无气源或气源压力不足	检查并处理气源故障
	执行机构故障	修复故障部件
	阀杆或阀轴卡住	修复或更换
	阀内件损坏而卡住	更换新件后或修复后重装
	阀芯在阀座内卡死	修复或更换
	流向不对使阀芯受力过大脱落	改回正确的安装方向
	供气管路断裂或变形	更换新的管路
	供气接头损坏或泄漏	更换或修复
	调节器无输出信号	修复故障元件
	阀门定位器或电气切换阀故障	修复或更换
阀内件磨损	流体流速过高	增大阀门或阀内件尺寸以降低流速
	流体中有颗粒	增大阀内件材料的硬度
	产生空化和闪蒸作用	改用低压力恢复阀门避免空化

表 2-2　气缸常见故障及排除方法

		产生原因	简要的处理方法
外泄漏	活塞杆端漏气	活塞杆安装偏心。	重新安装调整，使活塞杆不受偏心。
		润滑油供应不足。	检查油雾器是否失灵。
	缸筒与缸盖间漏气	活塞密封圈磨损。	更换密封圈
		活塞杆轴承配合面有杂质。	清洗，除去杂质，安装或更换防尘罩。
	缓冲调节处漏气	活塞杆有伤痕	更换活塞杆
内泄漏	活塞两端串气	活塞密封圈损坏。	更换密封
		润滑不良。	检查油雾器是否失灵。
		活塞被卡住，活塞配合面有缺陷。	重新安装调整，使活塞杆不偏心。
		杂质挤入密封面	除去杂质，采用净化压缩空气
输出力不足，动作不平稳		润滑不良。	检查油雾器是否失灵。
		活塞或活塞杆卡住。	重新安装调整，消除偏心横向负荷。
		供气流量不足。	加大连接或管接头口径。
		有冷凝水等杂质。	注意用净化干燥压缩空气，防止水侵入
缓冲效果不良		缓冲密封圈磨损。	更换密封圈。
		调节螺钉损坏。	更换调节螺钉。
		气缸速度太快	注意缓冲机构是否适合
损伤	活塞杆损坏	有偏心横向负荷。	消除偏心横向负荷。
		活塞杆受冲击负荷。	冲击不能加在活塞杆上。
		气缸的速度太快	设置缓冲装置
	缸盖损坏	缓冲机构不起作用	在外部或回路中设置缓冲机构

任务二　技能准备

子任务一　搬运单元气动控制

气动控制系统是本工作单元的执行机构,该执行机构的逻辑控制功能是由PLC实现的。气动控制回路的工作原理见图2-26。

1)1B1、1B2为安装在旋转气缸的两个极限工作位置的磁性传感器。1Y1、1Y2为控制旋转气缸的电磁阀。

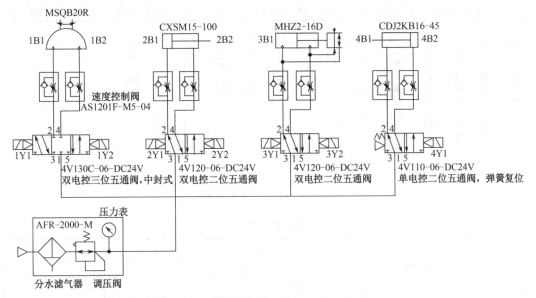

图2-26　搬运单元气动原理图

2)2B1、2B2为安装在双联气缸的两个极限工作位置的磁性传感器。2Y1、2Y2为控制双联气缸的电磁阀。

3)3B1为安装在气动机械手的极限工作位置的磁性传感器。3Y1、3Y2为控制双联气缸的电磁阀。

4)4B1、4B2为安装在气动机械手的极限工作位置的磁性传感器。4Y1为控制双联气缸的电磁阀。

子任务二　搬运单元电气控制

PLC的控制原理图如图2-27所示。

该单元的复位信号、开始信号、停止信号均从触摸屏发出,经过S7-300程序处理后,向各单元发送控制要求,以实现各站的复位、开始、停止等操作。各从站在运行过程中的状态信号,应存储到该单元PLC规划好的数据缓冲区,以实现整个系统的协调运行。网络读/写规划表见表2-3。

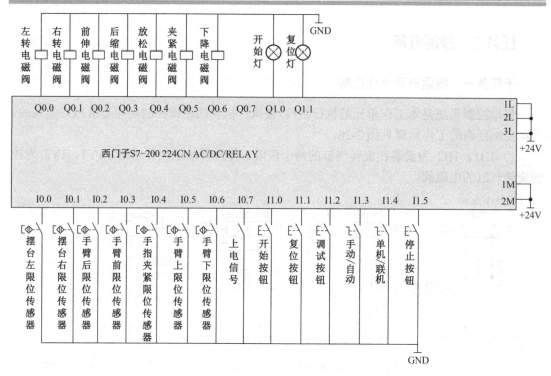

图 2-27　PLC 控制原理图

表 2-3　网络读/写数据规划表

序号	系统输入网络向 MES 发送数据	S7-200 从站 1 数据（上料）	主站对应数据（S7-300）	功　能
1	上电 I0.7	V10.7	I32.7	
2	开始 I1.0	V11.0	I33.0	
3	复位 I1.1	V11.1	I33.1	上料检测单元实际的 PLC 的 I/O 分配缓冲区以及该单元的数据缓冲区要和 S7-300 主站硬件组态时的数据缓冲区相对应
4	调试 I1.2	V11.2	I33.2	
5	手动 I1.3	V11.3	I33.3	
6	联机 I1.4	V11.4	I33.4	
7	停止 I1.5	V11.5	I33.5	
8	开始灯 Q1.0	V13.0	I35.0	
9	复位灯 Q1.1	V13.1	I35.1	
10	已经加工	VW8	IW30	

通常的安装过程（注：通信电缆为标准的 PROFIBUS-DP 电缆）如下。

1）将 PLC 控制板装入各站小车内。

2）将控制面板接头插入 C1 的插槽内。

3）将 PLC 控制板上接头 C4 插入执行部分接线端子的 C4 插槽内。

4）使用联机模式时，用通信电缆将各站的 EM277 模块连接起来。

5）将控制面板上的两个二位旋转开关分别旋至自动和联网状态。

　　注意！任何一处 DP 接头在连接之前，必须关掉电源。

2.3 搬运单元项目实施——单元技能训练

1. 训练目的

按照搬运单元工艺要求，先按计划进行机械安装与调试，设计和完成电路的连接，并设计好调试程序和自动连续运行程序。

2. 训练要求

1）熟悉搬运单元的功能及结构组成，并正确安装。

2）能够根据控制要求设计气动控制回路原理图，安装气动执行器件并调试。

3）安装所使用的传感器并能调试。

4）查明 PLC 各端口地址，根据要求编写程序并调试。

5）搬运单元安装与调试时间计划共计 6 个小时，同学 2～3 人为一组，根据表 2-4 进行记录。

表 2-4 工作计划表

步骤	内　容	计划时间	实际时间	完成情况
1	整个练习的工作计划			
2	安装计划			
3	线路描述和项目执行图纸			
4	写材料清单和领料及工具			
5	机械部分安装			
6	传感器安装			
7	气路安装			
8	电路安装			
9	连接各部分器件			
10	硬件各部分及程序调试			
11	故障排除			

3. 搬运单元清单

请同学们仔细查看器件，根据所选系统及具体情况填写表 2-5。

表 2-5 搬运单元材料清单

序　号	代　号	物品名称	规　格	数　量	备注（产地）
1		气动机械手			
2		回转台			
3		双导杆气缸（双联气缸）			
4		单杆气缸			
5		磁性传感器			
6		开关电源			
7		可编程序控制器			

续表

序　号	代　号	物品名称	规　格	数　量	备注（产地）
8		按钮			
9		I/O 接口板			
10		通信接口板			
11		电气网孔板			
12		电磁阀组			

任务一　搬运单元机械拆装与调试

1. 任务目的

（1）锻炼和培养学生的动手能力。

（2）加深对各类机械部件的了解，掌握其机械结构。

（3）巩固和加强机械制图课程的理论知识，为机械设计及其他专业课等后续课程的学习奠定必要的基础。

（4）掌握机械总成、各零部件及其相互间的连接关系、拆装方法和步骤及注意事项。

（5）锻炼动手能力，学习拆装方法和正确地使用常用机、工、量具和专门工具。

（6）熟悉和掌握安全操作常识，掌握零部件拆装后的正确放置、分类及清洗方法，培养文明生产的良好习惯。

（7）通过制图，绘制单个零部件图。

2. 任务内容

（1）识别各种工具，掌握正确使用方法。

（2）拆卸、组装各机械零部件、控制部件，如气缸、机械手、过滤器、PLC、开关电源、按钮等。

（3）装配所有零部件（装配到位，密封良好，转动自如）。

> **注意：**
> 在拆卸零件的过程中整体的零件不允许破坏性拆开，如气缸、丝杆副等。

3. 实训装置

（1）台面：气动机械手，双导杆气缸（双联气缸），回转台，单杆气缸。

（2）网孔板：PLC控制机构、供电机构。

（3）各种拆装工具。

4. 机械原理

具体拆卸与组装：**先外部后内部，先部件后零件**，按装配工艺顺序进行，拆卸的零件按顺序摆放，进行必要的记录、擦洗和清理。装配时按顺序进行，要一次安装到位。每个学生都要动手。

> **注意：**
> 先拆的后装、后拆的先装。

5. 实施步骤

1）拆卸

工作台面：

（1）准备各种拆卸工具，熟悉工具的正确使用方法。

（2）了解所拆卸的机器主要结构，分析和确定主要拆卸内容。

（3）端盖、压盖、外壳类拆卸；接管、支架、辅助件拆卸。

（4）主轴、轴承拆卸。

（5）内部辅助件及其他零部件拆卸、清洗。

（6）各零部件分类，清洗、记录等。

网孔板：

（1）准备各种拆卸工具，熟悉工具的正确使用方法。

（2）了解所拆卸的器件主要分布，分析和确定主要拆卸内容。

（3）主机 PLC、空气开关、熔断丝座、I/O 接口板、转接端子及端盖、开关电源，以及导轨的拆卸。

（4）注意各元器件分类、元器件的分布结构、记录等。

2）组装

（1）理清组装顺序，先组装内部零部件，组装主轴及轴承。

（2）组装轴承固定环、上料地板等工作部件。

（3）组装内部件与壳体。

（4）组装压盖、接管及各辅助部件等。

（5）检查是否有未装零件，检查组装是否合理、正确和适度。

（6）具体组装步骤可参考图 2-28。

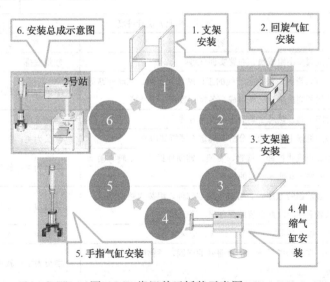

图 2-28　搬运单元拆装示意图

6. 搬运单元机械拆装任务书

见表 2-6 至表 2-9。

表2-6　培训项目（单元）培养目标

项目（单元）任务单		项目（单元）名称	项目执行人	编号
		搬运单元的拆装		
班级名称		开始时间	结束时间	总学时
班级人数				180分钟
项目（单元）培养内容				
模块	序号	内容		
知识目标	1	锻炼和培养学生的动手能力		
	2	掌握机械总成、各零部件及其相互间的连接关系、拆装方法和步骤及注意事项		
	3	学习拆装方法和正确地使用常用机、工、量具和专门工具		
能力目标	1	识别各种工具，掌握正确使用方法		
	2	掌握拆卸、组装各机械零部件、控制部件的方法，如气缸、电动机、转盘、过滤器、电磁阀等		
	3	熟悉和掌握安全操作常识，掌握零部件拆装后的正确放置、分类及清洗方法，培养文明生产的良好习惯		
	4	能强化学生的安全操作意识		
	5	能锻炼学生的自我学习能力和创新能力		
执行人签名		教师签名		教学组长签名

表2-7　培训项目（单元）执行进度单

项目（单元）执行进度单		项目（单元）名称	项目执行人	编号
		搬运单元的拆装		
班级名称		开始时间	结束时间	总学时
班级人数				180分钟
项目（单元）执行进度				
序号	内容		方式	时间分配
1	根据实际情况调整小组成员，布置实训任务		教师安排	5分钟
2	小组讨论，查找资料，根据生产线的工作站单元总图、气动回路原理图、安装接线图列出单元机械组成、各零件数量、型号等		学员为主，教师点评	20分钟
3	准备各种拆卸工具，熟悉工具的正确使用方法		器材管理员	10分钟
4	了解所拆卸的机器主要结构，分析和确定主要拆卸内容		学员为主；教师指导	10分钟
5	端盖、压盖、外壳类拆卸；接管、支架、辅助件拆卸；主轴、轴承拆卸；内部辅助件及其他零部件的拆卸、清洗		学员为主；教师指导	45分钟
6	参考总图，理清组装顺序，先组装内部零部件，组装主轴及轴承。检查是否有未装零件，检查组装是否合理、正确和适度		学员为主，互相检查	45分钟
7	拆装过程中，做好各零部件分类、清洗、记录等		学员为主；教师指导	15分钟
8	组装过程中，在教师指导下，解决碰到的问题，并鼓励学生互相讨论，自己解决		学员为主；教师引导	10分钟
9	小组成员交叉检查并填写实习实训项目（单元）检查单		学员为主	10分钟
10	教师给学员评分		教师评定	10分钟
执行人签名	教师签名		教学组长签名	

表 2-8 培训项目（单元）设备、工具准备单

项目（单元）设备、工具准备单	项目（单元）名称		项目执行人	编　号
	搬运单元的拆装			
班级名称	开始时间		结束时间	
班级人数				
项目（单元）设备、工具				

类型	序号	名　　　称	型　　号	台（套）数	备　　注
设备	1	自动生产线实训装置	THMSRX-3 型	3 套	每个工作站安排 2 人（实验室提供）
工具	1	数字万用表	9205	1 块	实训场备
	2	十字螺丝刀	8、4 寸	2 把	
	3	一字螺丝刀	8、4 寸	2 把	
	4	镊子		1 把	
	5	尖嘴钳	6 寸	1 把	
	6	扳手			
	7	内六角扳手		1 套	
执行人签名	教师签名		教学组长签名	

备注：所有工具都按工位分配。

表 2-9 培训项目（单元）检查单

项目（单元）名称		项目指导老师	编号
搬运单元的拆装			
班级名称	检查人	检查时间	检查评等

检查内容	检查要点	评　价
参与查找资料，掌握生产线的工作站单元总图、气动回路原理图、安装接线图	能读懂图并且速度快	
列出单元机械组成、各零件数量、型号等	名称正确，了解结构	
工具摆放整齐	操作文明规范	
工具的使用	识别各种工具，掌握正确使用方法	
拆卸、组装各机械零部件、控制部件	熟悉和掌握安全操作常识，零部件拆装后的正确放置、分类及清洗方法	
装配所有零部件	检查是否有未装零件，检查组装是否合理、正确和适度	
调试时操作顺序	机械部件状态（如运动时是否干涉，连接是否松动），气管连接状态	
调试成功	工作站各机械能正确完成工作（装配到位，密封良好，转动自如）	
拆装出现故障	排除故障的能力以及对待故障的态度	
与小组成员合作情况	能否与其他同学和睦相处，团结互助	
遵守纪律方面	按时上、下课，中途不溜岗	
地面、操作台干净	接线完毕后能清理现场的垃圾	
小组意见		
教师审核		
被检查人签名	教师评等	教师签名

任务二　搬运单元电气控制拆装与调试

子任务一　电气控制线路的分析和拆装——完成搬运单元布线

1. 任务目的

1）掌握电路的基础知识、注意事项和基本操作方法。
2）能正确使用常用接线工具。
3）能正确使用常用测量工具（如万用表）。
4）掌握电路布线技术。
5）能安装和维修各个电路。
6）掌握 PLC 外围直流控制及交流负载线路的接法及注意事项。

2. 实训设备

THMSRX-3 型 MES 网络型模块式柔性自动化生产线实训系统（8 站）。

3. 工艺流程

1）根据原理图、气动原理图绘制接线图，可参考实训台上的接线。
2）按绘制好的接线图研究走线方法，并进行板前明线布线和套编码管。
3）根据绘制好的接线图完成实训台台面、网孔板的接线。
4）按图检测电路，经教师检查后，通电可进行下一步工作。

4. 参考图纸（图 2-29）

子任务二　编程实训——搬运单元控制程序

1. 任务目的

利用所学的指令完成搬运单元程序的编制。

2. 实训设备

1）安装有 Windows 操作系统的 PC 一台（装有 STEP 7 MicroWin 软件）。
2）PLC（西门子 S7-200 系列）一台。
3）PC 与 PLC 的通信电缆一根（PC/PPI）。
4）THMSRX-3 型 MES 网络型模块式柔性自动化生产线实训系统（8 站）搬运单元。

3. 工艺流程

将编制好的程序送入 PLC 并运行。上电后"复位"按钮灯闪烁，按"复位"按钮，气缸进行复位，若气缸复位完成，则 1B2=1，此时"开始"按钮灯闪烁；按"开始"按钮后，送料电动机转，若没料（B1=0），则电动机转动 10 秒后停止，同时报警黄灯亮；若有料（B1=1），则气缸 1 上升（1Y1=1），若在 3 秒内没有到达气缸上限位则报警红灯亮；按"调试"按钮，气缸下降，待 1B2=1 后，送料电动机再次转动，重复上料过程。

4. 任务编程

新建一个程序，根据上述控制要求和图 2-30，编写出相应的程序，并运行通过。

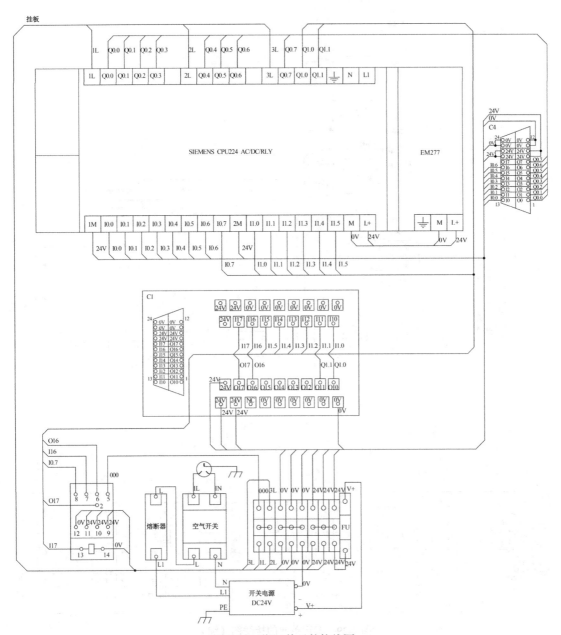

图 2-29 搬运单元的接线图

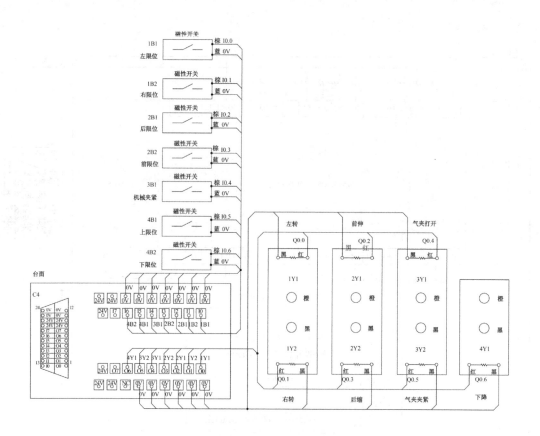

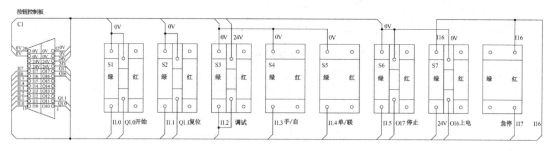

图2-29　搬运单元的接线图（续）

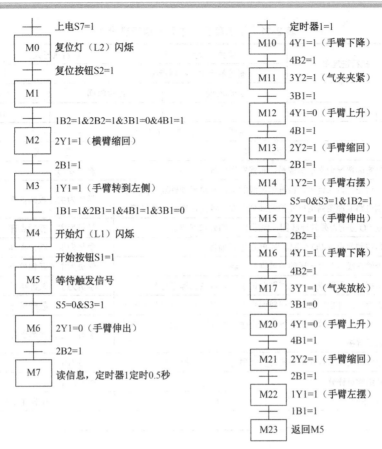

图 2-30 搬运单元顺序功能图

5. 搬运单元电气控制拆装任务书

见表 2-10 至表 2-13。

表 2-10 培训项目（单元）培养目标

项目（单元）任务单		项目（单元）名称		项目执行人	编 号
		搬运单元电气控制拆装			
班级名称		开始时间		结束时间	总学时
班级人数					180 分钟
项目（单元）培养目标内容任务					
模块	序号	内 容			
知识目标	1	掌握 PLC 软件及基本指令的应用			
	2	掌握自动生产线控制程序的编写方法			
	3	掌握 PLC 控制系统的总体构建方法			
能力目标	1	知道 PLC 在自动生产线中的应用			
	2	能进行 PLC 电气系统图的识图、绘制，硬件电路接线			
	3	会进行自动生产线 PLC 控制程序的编写及调试			
	4	能解决编程过程中遇到的实际问题			
	5	能锻炼学生的自我学习能力和创新能力			
执行人签名		教师签名			教学组长签名

表2-11　培训项目（单元）执行进度单

项目（单元）执行进度单		项目（单元）名称	项目执行人	编　号
		搬运单元电气控制拆装		
班级名称		开始时间	结束时间	总学时
班级人数				180分钟
项目（单元）执行进度				
序号	内　容		方　式	时间分配
1	根据实际情况调整小组成员，布置实训任务		教师安排	5分钟
2	小组讨论，查找资料，根据生产线的工作站单元硬件连线图、软件控制电路原理图列出单元控制部分组成、各元件数量、型号等		学员为主，教师点评	10分钟
3	根据I/O分配及硬件连线图，完成PLC的外部线路连接		学员为主，教师点评	10分钟
4	根据控制要求及I/O分配，对PLC进行编程		学员为主；教师指导	45分钟
5	检查硬件线路并对出现的故障进行排除		学员为主；互相检查	45分钟
6	画出程序流程图或顺序功能图并记录，以备调试程序时参考		学员为主；教师指导	20分钟
7	检查程序，并根据出现的问题调整程序，直到满足控制要求为止		学员为主；教师指导	15分钟
8	实训过程中，在教师指导下，解决碰到的问题，鼓励学生互相讨论，自己解决		学员为主；教师引导	10分钟
9	小组成员交叉检查并填写实习实训项目（单元）检查单		学员为主	10分钟
10	教师给学员评分		教师评定	10分钟
执行人签名		教师签名	教学组长签名	

表2-12　培训项目（单元）设备、工具准备单

项目（单元）设备、工具准备单		项目（单元）名称		项目执行人	编　号
		搬运单元电气控制拆装			
班级名称		开始时间		结束时间	
班级人数					
项目（单元）设备、工具					
类型	序号	名称	型号	台（套）数	备注
设备	1	自动生产线实训装置	THMSRX-3型	3套	每个工作站安排2人（实验室提供）
工具	1	数字万用表	9205	1块	实训场备
	2	十字螺丝刀	8、4寸	2把	
	3	一字螺丝刀	8、4寸	2把	
	4	镊子		1把	
	5	尖嘴钳	6寸	1把	
	6	扳手			
	7	内六角扳手		1套	
执行人签名		教师签名		教学组长签名	

备注：所有工具按工位分配。

表 2-13 培训项目（单元）检查单

项目（单元）名称		项目指导教师		编 号
搬运单元电气控制拆装				
班级名称	检查人		检查时间	检查评等
检查内容	检查要点			评价
参与查找资料，掌握生产线的工作站单元硬件连线图、I/O 分配原理图、程序流程图	能读懂图并且速度快			
列出单元 PLC 的 I/O 分配、各元件数量、型号等	名称正确，和实际的一一对应			
工具摆放整齐	操作文明规范			
万用表等工具的使用	识别各种工具，掌握正确使用方法			
传感器等控制部件的正确安装	熟悉和掌握安全操作常识，掌握元件安装后的正确放置、连线及测试方法			
装配所有元件后，通电联调	检查是否能正确动作，对出现的故障能否排除			
调试程序时操作顺序	是否有程序流程图，调试是否有记录以及故障的排除			
调试成功	工作站各部分能正确完成工作，运行良好			
硬件及软件故障排除	排除故障的能力以及对待故障的态度			
与小组成员合作情况	能否与其他同学和睦相处，团结互助			
遵守纪律方面	按时上、下课，中途不溜岗			
地面、操作台干净	接线完毕后能清理现场的垃圾			
小组意见				
教师审核				
被检查人签名	教师评等		教师签名	

任务三 搬运单元的调试及故障排除

在机械拆装以及电气控制电路的拆装过程中，应进一步了解、掌握设备调试的方法、技巧及应该注意的要点，培养严谨的作风，须做到以下几点。

（1）掌握所用工具的摆放位置及使用方法。

（2）了解所用各部分器件的好坏判断方法及归零方法。

（3）注意各机械设备的配合动作及电动机的平衡运行。

（4）电气控制电路的拆装过程中，必须认真检查线路的连接。重点检查电源线的走向。

（5）在程序下载前，必须认真检查。重点检查各个执行机构之间是否会发生冲突，如有冲突，应立即停下，严谨认真分析原因（机械、电气、程序等）并及时排除故障，以免损坏设备。

（6）总结经验，把调试过程中遇到的问题、解决的方法记录在表 2-14 中。

表2-14　调试运行记录表

观察步骤 ＼ 结果 ＼ 观察项目	气动机械手	回旋台	气动手指	双导杆气缸	单杆气缸	旋转气缸	电磁阀	磁性传感器	PLC	单元动作
各气动设备的动作配合										
各电气设备是否正常工作										
电气控制线路的检查										
程序能否正常下载										
单元是否按程序正常运行										
故障现象										
解决方法										

表2-15用于评分。

表2-15　总评分表

班级　　　第　　　组			评　分　标　准	学生自评	教师评分	备注
评分内容		配分				
搬运单元	工作计划；材料清单；气路图；电路图；接线图；程序清单	12	没有工作计划扣2分；没有材料清单扣2分；气路图绘制有错误的扣2分；主电路绘制有错误的，每处扣1分；电路图符号不规范，每处扣1分			
	零件故障和排除	10	气动机械手、气动手指、双导杆气缸、回转台、单杆气缸、旋转气缸、磁性传感器、开关电源、可编程序控制器、按钮、I/O接口板、通信接口板、电气网孔板、直流减速电动机、电磁阀及气缸等零件没有测试以确认好坏并予以维修或更换，每处扣1分			
	机械故障和排除	10	错误调试导致回旋台及旋转气缸不能运行，扣6分			
			双导杆气缸调整不正确，每处扣1.5分			
			气缸调整不恰当，扣1分			
			有紧固件松动现象，每处扣0.5分			
	气路连接故障和排除	10	气路连接未完成或有错，每处扣2分			
			气路连接有漏气现象，每处扣1分			
			气缸节流阀调整不当，每处扣1分			
			气管没有绑扎或气路连接凌乱，扣2分			
	电路连接故障和排除	20	不能实现要求的功能、可能造成设备或元件损坏，1分/处；最多扣4分			
			没有必要的限位保护、接地保护等，每处扣1分，最多扣3分			
			必要的限位保护未接线或接线错误扣1.5分			
			端子连接、插针压接不牢或超过2根导线，每处扣0.5分，端子连接处没有线号，每处扣0.5分。两项最多扣3分，电路接线没有绑扎或电路接线凌乱，扣1.5分			
	程序的故障和排除	20	按钮不能正常工作，扣1.5分			
			上电后不能正常复位，扣1分			
			参数设置不对，不能正常和PLC通信，扣1分			
			指示灯亮灭状态不满足控制要求，每处扣0.5分			

续表

班级	第 组		评 分 标 准	学生 自评	教师评分	备注
评分内容		配分				
单元正常运行工作	初始状态检查和复位,系统正常停止	8	运行过程缺少初始状态检查,扣 1.5 分。初始状态检查项目不全,每项扣 0.5 分。系统不能正常运行扣 2 分,系统停止后,不能再启动扣 0.5 分			
职业素养与安全意识		10	现场操作安全保护符合安全操作规程;工具摆放、包装物品、导线线头等的处理符合职业岗位的要求;团队有分工有合作,配合紧密;遵守现场纪律,尊重现场工作人员,爱惜设备和器材,保持工位的整洁			
总计		100				

2.4 重点知识、技能归纳

（1）气动系统的基本组成部分包括压缩空气的产生、压缩空气的传输、压缩空气的消耗（工作机）。

（2）气动技术相对于机械传动、电气传动及液压传动而言有许多突出的优点。对于传动形式而言，气缸作为线性驱动器，可在空间的任意位置组建它所需的运动轨迹，安装维护方便，工作介质取之不尽、用之不绝，不污染环境，成本低，压力等级低，使用安全，具有防火、防爆、耐潮的能力。

（3）通过训练应熟悉搬运单元的结构与功能，亲身实践气动技术、机械手技术和 PLC 控制技术，并将这些技术融会贯通。

2.5 工程素质培养

（1）查阅专业气动产品手册，思考如何选择气动元件。你明白了本自动线为何选择这些气动元件吗？你想如何选择？安装中有哪些注意事项？

（2）了解当前国内、国际上的主要气动元件生产厂家以及当前气动技术的进展、应用领域与行业。

（3）了解当前国内、国际上的主要搬运设备生产厂家以及当前搬运控制技术的进展、应用领域与行业。

（4）认真填写培训项目（单元）执行进度记录，归纳搬运单元气动系统安装调试中的故障原因及排除故障的思路。

（5）拆卸并画出生产线上使用的摆动气缸的内部结构示意图。

（6）在机械拆装以及电气动控制电路的拆装过程中，进一步掌握气动系统与元件安装、调试的方法和技巧，并组织小组讨论和各小组之间的交流。

项目三 加工与检测单元

3.1 加工与检测单元项目引入

1. 主要组成与功能

加工与检测单元由回转工作台、刀具库（3 种刀具）、升降式加工系统、加工组件、检测组件、步进驱动器、三相步进电动机、光电传感器、接近开关、开关电源、平面推力轴承、可编程序控制器、按钮、I/O 接口板、电气网孔板、通信接口板、直流减速电动机、多种类型电磁阀及气缸组成，回转工作台有 6 个旋转工位，本单元主要完成工件的加工（钻孔、铣孔），并进行工件检测，如图 3-1 所示。

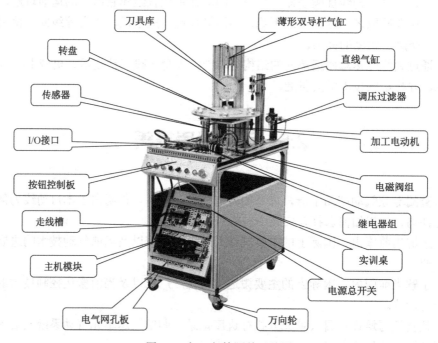

图 3-1 加工与检测单元总图

（1）单杆气缸：检测单杆气缸进行深度测量，单向电控气阀控制。当电控气阀得电，气缸升出，检测打孔深度。

（2）薄形双导杆气缸：刀具主轴电动机的上升与下降由薄形双导杆气缸控制，气缸动作由单向电控气阀控制。

（3）辅助加工装置：由单杆气缸推动顶杆机构，实现对工件的夹紧。

（4）电感传感器：转盘旋转到位检测，在工件到位后传感器信号输出（接线注意棕色接"+"、蓝色接"–"、黑色接输出）。

（5）光电传感器：用于检测工件正常与否，当工件为正常时，传感器有信号输出；反之无输出（接线注意棕色接"+"、蓝色接"–"、黑色接输出）。

（6）步进电动机：通过步进电动机旋转，进行刀具的选择。

（7）加工电动机：通过直流电动机旋转，模拟钻头轴转动，模拟绞刀扩孔等，完成工件的三刀具加工。

（8）搬运装置：装置上设有 6 个工位，分别为：待料工位（3 个）、加工工位、检测工位、中转工位，工件的工位转换由电感传感器定位，直流减速电动机控制。

2. 主要技术指标

控制电源：直流 24V/4.5A。

PLC 控制器：西门子。

步进电动机驱动器：三相驱动输出，电流≥5A，细分≥10,000 步/圈。

步进电动机：573J09。

轴长：30mm/6A。

直流减速电动机（加工电动机）：ZGB60R-45SRZ/458i/8W/DC24V。

直流减速电动机（搬运装置）：ZGA25RP37.9i/DC24V/rpm:120。

电磁阀：4V110-06。

透明继电器：ARM2F-L/DC24V（带灯）。

调速阀：出气节流式。

磁性开关：D-C73L、D-A73L。

气缸：CDJ2B16-45，MGPM16-75，CDJ2KB16-45。

光电开关：E3Z-LS61。

电感传感器（搬运装置）：LG8-1K。

电感传感器（刀具）：LE4-1K。

3. 工艺流程

系统启动后，工件搬运装置（转盘）开始转动，当电感传感器检测到位时，工件搬运装置（转盘）停止，等待工件，输送机构气动手指将工件放入待料工位后，工件搬运装置（转盘）开始转动，将工件搬运至加工工位，当电感传感器检测到下一工位时，工件搬运装置停止；辅助加工装置动作，辅助加工伸出的限位磁性传感器检测到位后；薄形双导杆气缸下降带动刀具 1、2、3 电动机依次对工件进行加工；工件钻孔完成后薄形双导杆气缸上移，带动刀具电动机回位，双导杆气缸上限位磁性传感器检测到位后，辅助加工装置松开，工件加工完成；在辅助加工装置伸出的同时，检测工位单杆气缸下降，检测气缸下限位磁性传感器检测到位后，检测钻孔深度，检测完成单杆气缸上升，工件检测完成，同时在检测时光电传感器检测到位物料是否为废料，将物料正常与否的信息传送给下一个 PLC 控制系统。

3.2 加工与检测单元项目准备

任务一 知识准备——步进电动机的 PLC 控制

SIMATIC S7-200 CPU22x 系列 PLC 设有高速脉冲输出，输出频率可达 20kHz，用于 PTO（输出一个频率可调，占空比为 50% 的脉冲）和 PWM（输出占空比可调的脉冲），高速脉冲输出的功能可用于对电动机进行速度控制及位置控制和控制变频器使电动机调速。

S7-200 有 PTO、PWM 两台高速脉冲发生器。PTO 脉冲串功能可输出指定个数、指定周期的方波脉冲（占空比 50%）；PWM 功能可输出脉宽变化的脉冲信号，用户可以指定脉冲的周期和脉冲的宽度。若一台发生器指定给数字输出点 Q0.0，另一台发生器则指定给数字输出点 Q0.1。当 PTO、PWM 发生器控制输出时，将禁止输出点 Q0.0、Q0.1 的正常使用；当不使用 PTO、PWM 高速脉冲发生器时，输出点 Q0.0、Q0.1 恢复正常使用，即由输出映像寄存器决定其输出状态。

1. 脉冲输出（PLS）指令

脉冲输出（PLS）指令功能为：使能有效时，检查用于脉冲输出（Q0.0 或 Q0.1）的特殊存储器位（SM），然后执行特殊存储器位定义的脉冲操作。指令格式如表 3-1 所示。

表 3-1 脉冲输出（PLS）指令格式

LAD	STL	操作数及数据类型
PLS EN ENO ???? Q0X	PLS Q	Q: 常量（0 或 1）数据 类型：字

2. 用于脉冲输出（Q0.0 或 Q0.1）的特殊存储器

见表 3-2。

表 3-2 用于脉冲输出（Q0.0 或 Q0.1）的特殊存储器

Q0.0	Q0.1	说明		
		Q0.0 和 Q0.1 对 PTO/PWM 输出的控制字节		
SM67.0	SM77.0	PTO/PWM 刷新周期值	0：不刷新；	1：刷新
SM67.1	SM77.1	PWM 刷新脉冲宽度值	0：不刷新；	1：刷新
SM67.2	SM77.2	PTO 刷新脉冲计数值	0：不刷新；	1：刷新
SM67.3	SM77.3	PTO/PWM 时基选择	0：1 μs；	1：1ms
SM67.4	SM77.4	PWM 更新方法	0：异步更新；	1：同步更新
SM67.5	SM77.5	PTO 操作	0：单段操作；	1：多段操作
SM67.6	SM77.6	PTO/PWM 模式选择	0：选择 PTO；	1：选择 PWM
SM67.7	SM77.7	PTO/PWM 允许	0：禁止；	1：允许

续表

Q0.0	Q0.1	说明		
		Q0.0 和 Q0.1 对 PTO/PWM 输出的周期值		
SMW68	SMW78	PTO/PWM 周期时间值（范围：2 至 65535）		
		Q0.0 和 Q0.1 对 PTO/PWM 输出的脉宽值		
SMW70	SMW80	PWM 脉冲宽度值（范围：0 至 65535）		
		Q0.0 和 Q0.1 对 PTO 脉冲输出的计数值		
SMD72	SMD82	PTO 脉冲计数值（范围：1 至 4294967295）		
		Q0.0 和 Q0.1 对 PTO 脉冲输出的多段操作		
SMB166	SMB176	段号（仅用于多段 PTO 操作），多段流水线 PTO 运行中的段的编号		
SMW168	SMW178	包络表起始位置，用距离 V0 的字节偏移量表示（仅用于多段 PTO 操作）		
		Q0.0 和 Q0.1 的状态位		
SM66.4	SM76.4	PTO 包络由于增量计算错误异常终止	0：无错；	1：异常终止
SM66.5	SM76.5	PTO 包络由于用户命令异常终止	0：无错；	1：异常终止
SM66.6	SM76.6	PTO 流水线溢出	0：无溢出；	1：溢出
SM66.7	SM76.7	PTO 空闲	0：运行中；	1：PTO 空闲

1）控制字节和参数的特殊存储器

每个 PTO/PWM 发生器都有：一个控制字节（8 位）、一个脉冲计数值（无符号的 32 位数值）、一个周期时间和脉宽值（无符号的 16 位数值）。这些值都放在特定的特殊存储区（SM），如表 3-2 所示。执行 PLS 指令时，S7-200 读这些特殊存储器位（SM），然后执行特殊存储器位定义的脉冲操作，即对相应的 PTO/PWM 发生器进行编程。

例如：设置控制字节。用 Q0.0 作为高速脉冲输出，对应的控制字节为 SMB67，如果希望定义的输出脉冲操作为 PTO 操作，允许脉冲输出，多段 PTO 脉冲串输出，时基为 ms，设定周期值和脉冲数，则应向 SMB67 写入二进制数"2#10101101"，即十六进制数"16#AD"。通过修改脉冲输出（Q0.0 或 Q0.1）的特殊存储器 SM 区（包括控制字节），即更改 PTO 或 PWM 的输出波形，然后再执行 PLS 指令。

> **注意：**
> 所有控制位、周期、脉冲宽度和脉冲计数值的默认值均为零。向控制字节（SM67.7 或 SM77.7）的 PTO/PWM 允许位写入零，然后执行 PLS 指令，将禁止 PTO 或 PWM 波形的生成。

2）状态字节的特殊存储器

除了控制信息外，还有用于 PTO 功能的状态位，如表 3-2 所示。程序运行时，根据运行状态使某些位自动置位。可以通过程序来读取相关位的状态，用此状态作为判断条件，实现相应的操作。

3. 对输出的影响

PTO/PWM 生成器和输出映像寄存器共用 Q0.0 和 Q0.1。在 Q0.0 或 Q0.1 使用 PTO 或 PWM 功能时，PTO/PWM 发生器控制输出，并禁止输出点的正常使用，输出波形不受输出映像寄存器状态、输出强制、立即输出指令的影响；在 Q0.0 或 Q0.1 位置没有使用 PTO 或

PWM 功能时，输出映像寄存器控制输出，所以输出映像寄存器决定输出波形的初始和结束状态，即决定脉冲输出波形从高电平或低电平开始和结束，使输出波形有短暂的不连续，为了减小这种不连续有害影响，应注意：

（1）可在开始 PTO 或 PWM 操作之前，将用于 Q0.0 和 Q0.1 的输出映像寄存器设为 0。

（2）PTO/PWM 输出必须至少有 10% 的额定负载，才能完成从关闭至打开以及从打开至关闭的顺利转换，即提供陡直的上升沿和下降沿。

4．PTO 的使用

PTO 可以指定脉冲数和周期的占空比为 50% 的高速脉冲串的输出。状态字节中的最高位（空闲位）用来指示脉冲串输出是否完成。可在脉冲串完成时启动中断程序，若使用多段操作，则在包络表完成时启动中断程序。

1）周期和脉冲数

周期范围从 50μs 至 65,535μs 或从 2ms 至 65,535ms，为 16 位无符号数，时基有微秒和毫秒两种，通过控制字节的第 3 位选择。

> **注意:**
> （1）如果周期小于 2 个时间单位，则周期的默认值为 2 个时间单位。
> （2）周期若设定为奇数 μs 或 ms（例如 75ms），会引起波形失真。

脉冲计数范围从 1 至 4,294,967,295，为 32 位无符号数，如设定脉冲计数为 0，则系统默认脉冲计数值为 1。

2）PTO 的种类及特点

PTO 功能可输出多个脉冲串，现用脉冲串输出完成时，新的脉冲串输出立即开始。这样就保证了输出脉冲串的连续性。PTO 功能允许多个脉冲串排队，从而形成流水线。流水线分为两种：单段流水线和多段流水线。

单段流水线是指流水线中每次只能存储一个脉冲串的控制参数，初始 PTO 段一旦启动，必须立即按照对第 2 个波形的要求刷新 SM，并再次执行 PLS 指令，第 1 个脉冲串完成，第 2 个波形输出立即开始，重复这一步骤可以实现多个脉冲串的输出。单段流水线中的各段脉冲串可以采用不同的时间基准，但有可能造脉冲串之间的不平稳过渡。输出多个高速脉冲时，编程复杂。

多段流水线是指在变量存储区 V 建立一个包络表。包络表存放每个脉冲串的参数，执行 PLS 指令时，S7–200 PLC 自动按包络表中的顺序及参数进行脉冲串输出。包络表中每段脉冲串的参数占用 8 字节，由一个 16 位周期值（2 字节）、一个 16 位周期增量值（2 字节）和一个 32 位脉冲计数值（4 字节）组成。包络表的格式如表 3-3 所示。

表 3-3 包络表的格式

从包络表起始地址的字节偏移	段	说　明
VB_n		段数（1～255）；数值 0 产生非致命错误，无 PTO 输出
VB_{n+1}		初始周期（2 至 65 535 个时基单位）
VB_{n+3}	段 1	每个脉冲的周期增量（有符号整数：-32 768 至 32 767 个时基单位）
VB_{n+5}		脉冲数（1 至 4 294 967 295）

续表

从包络表起始地址的字节偏移	段	说　明
VB_{n+9}		初始周期（2 至 65 535 个时基单位）
VB_{n+11}	段 2	每个脉冲的周期增量（有符号整数：-32 768 至 32 767 个时基单位）
VB_{n+13}		脉冲数（1 至 4 294 967 295）
VB_{n+17}		初始周期（2 至 65 535 个时基单位）
VB_{n+19}	段 3	每个脉冲的周期增量值（有符号整数：-32 768 至 32 767 个时基单位）
VB_{n+21}		脉冲数（1 至 4 294 967 295）

注意：周期增量值为整数微秒或毫秒

多段流水线的特点是编程简单，能够通过指定脉冲的数量自动增加或减少周期，周期增量值为正值会增加周期，周期增量值为负值会减少周期，若周期增量值为零，则周期不变。在包络表中的所有的脉冲串必须采用同一时基，在多段流水线执行时，包络表的各段参数不能改变。多段流水线常用于步进电动机的控制。

【例3.1】根据控制要求列出 PTO 包络表。

步进电动机的控制要求如图 3-2 所示。从 A 点到 B 点为加速过程，从 B 到 C 为恒速运行，从 C 到 D 为减速过程。在本例中：流水线可以分为 3 段，须建立 3 段脉冲的包络表。起始和终止脉冲频率为 2kHz，最大脉冲频率为 10kHz，所以起始和终止周期为 500μs，与最大频率对应的周期为 100μs。

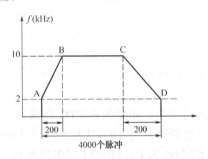

图 3-2　例 3.1 题图

1 段：加速运行，应在约 200 个脉冲时达到最大脉冲频率。

2 段：恒速运行，约（4000-200-200=）3600 个脉冲。

3 段：减速运行，应在约 200 个脉冲时完成。

某一段每个脉冲周期增量值的确定方法：

周期增量值=（该段结束时的周期时间-该段初始的周期时间）/该段的脉冲数

用该式可计算出 1 段的周期增量值为-2μs，2 段的周期增量值为 0，3 段的周期增量值为 2μs。假设包络表位于从 VB200 开始的 V 存储区中，包络表如表 3-4 所示。

表 3-4　例 3.1 包络表

V 变量存储器地址	段　号	参　数　值	说　明
VB200		3	段数
VB201		500 μs	初始周期
VB203	段 1	-2 μs	每个脉冲的周期增量
VB205		200	脉冲数

续表

V 变量存储器地址	段　号	参数值	说　明
VB209		100μs	初始周期
VB211	段 2	0	每个脉冲的周期增量
VB213		3600	脉冲数
VB217		100μs	初始周期
VB219	段 3	2 μs	每个脉冲的周期增量
VB221		200	脉冲数

在程序中用指令可将表中的数据送入 V 变量存储区中。

3）多段流水线PTO初始化和操作步骤

用一个子程序实现 PTO 初始化，首次扫描（SM0.1）时从主程序调用初始化子程序，执行初始化操作。以后的扫描不再调用该子程序，这样减少扫描时间，程序结构更好。初始化操作步骤如下。

（1）首次扫描（SM0.1）时将输出 Q0.0 或 Q0.1 复位（置 0），并调用完成初始化操作的子程序。

（2）在初始化子程序中，根据控制要求设置控制字并写入 SMB67 或 SMB77 特殊存储器。如写入 16#A0（选择 μs 递增）或 16#A8（选择 ms 递增），两个数值表示允许 PTO 功能、选择 PTO 操作、选择多段操作，以及选择时基（μs 或 ms）。

（3）将包络表的首地址（16 位）写入 SMW168（或 SMW178）。

（4）在变量存储器 V 中，写入包络表的各参数值。一定要在包络表的起始字节中写入段数。

在变量存储器 V 中建立包络表的过程也可以在一个子程序中完成，在此只须调用设置包络表的子程序。

（5）设置中断事件并开全局中断。如果想在 PTO 完成后，立即执行相关功能，则须设置中断，将脉冲串完成事件（中断事件号 19）连接到一个中断程序。

（6）执行 PLS 指令，使 S7-200 为 PTO/PWM 发生器编程，高速脉冲串由 Q0.0 或 Q0.1 输出。

（7）退出子程序。

动手做一做：

实现分类单元编程，掌握利用 PLC 实现对步进电动机的控制。为分类单元的学习做准备。将所学的知识运用于实践中，培养分析问题、解决问题的能力。在熟悉步进电动机的控制程序时，培养学生根据不同的控制要求编制程序的能力，逐步培养学生发现问题、分析问题、解决问题的能力。增加一些新的控制要求，培养学生修改程序、调试程序的能力，树立编程是为生产服务的思想，只要是生产上需要的，编程时必须充分考虑，设法满足。

（1）步进驱动器参数设置：电流设置与电动机电流相匹配（≥0.84A），细分样例设为800 步/圈。

（2）熟悉步进控制指令程序，输入如下指令，并观察程序的运行结果，分别改变 Q0.0、Q0.1、Q0.2、Q0.3 的输出状态，观察步进电动机的运行方式。

（3）将观察的结果填入表 3-5 中，写出步进电动机的运行方向与 Q0.0、Q0.1、Q0.2、Q0.3 状态的关系；步进电动机的运行速度、行走的距离与 VD0、VD10 的关系。

步进电动机控制主程序见图 3-3，子程序见图 3-4。

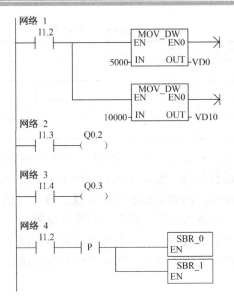

图 3-3　步进电动机控制主程序

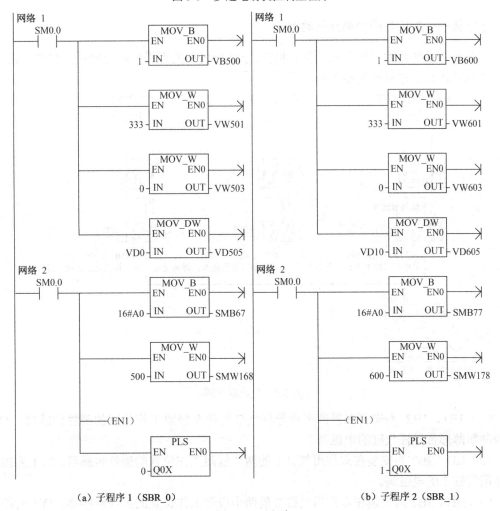

（a）子程序 1（SBR_0）　　　　　　　　　　　（b）子程序 2（SBR_1）

图 3-4　子程序

表 3-5　分类站 *X*、*Y* 轴表

	Q0.0	Q0.1	Q0.2	Q0.3	VD0	VD10	备　注
X 轴方向前进							
X 轴方向后退							
Y 轴方向前进							
Y 轴方向后退							

（4）将编制好的程序送入 PLC 并运行。上电后"复位"按钮灯闪烁，按"复位"按钮，两轴分别向左、向下运行进行复位，复位完成后，I0.0=1、I0.1=1、I0.4=1，此时"开始"按钮灯闪烁；按"开始"按钮，两轴运行到等待位置。按"调试"按钮，货台运行到右侧第 1 列，从第 4 层开始将工件推入仓位，再返回到等待位置。

（5）每层在放入 3 个之后放入下一层，全部放满之后重新从第 4 层开始。

想一想：步进电动机控制编程中碰到了什么问题？说说你是怎么解决的。

任务二　技能准备

子任务一　加工与检测单元气动控制

气动控制系统是本工作单元的执行机构,该执行机构的逻辑控制功能是由 PLC 实现的。气动控制回路的工作原理见图 3-5。

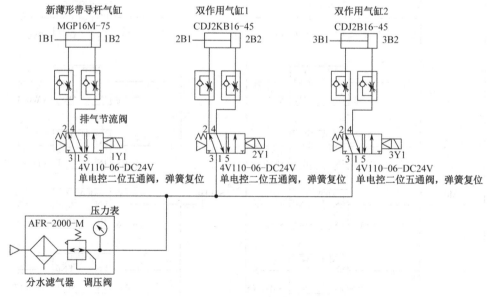

图 3-5　气动原理图

（1）1B1、1B2 为安装在新薄形带导杆气缸的两个极限工作位置的磁性传感器。1Y1 为控制新薄形带导杆气缸的电磁阀。

（2）2B1、2B2 为安装在双作用气缸 1 的两个极限工作位置的磁性传感器。2Y1 为控制双作用气缸 1 的电磁阀。

（3）3B1、3B2 为安装在双作用气缸 2 的两个极限工作位置的磁性传感器。3Y1 为控制双作用气缸 2 的电磁阀。

子任务二　加工与检测单元电气控制

PLC 的控制原理图如图 3-6 所示。

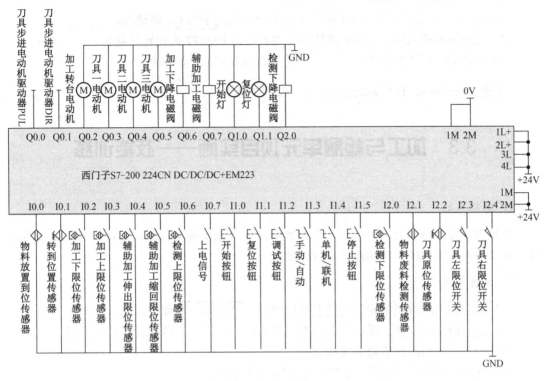

图 3-6　PLC 控制原理图

该单元的复位信号、开始信号、停止信号均从触摸屏发出，经过 S7-300 程序处理后，向各单元发送控制要求，以实现各站的复位、开始、停止等操作。各从站在运行过程中的状态信号应存储到该单元 PLC 规划好的数据缓冲区，以实现整个系统的协调运行。数据规划表见表 3-6。

表 3-6　网络读/写数据规划表

序号	系统输入网络向 MES 发送数据	S7-200 从站 1 数据（加工）	主站对应数据（S7-300）	功　能
1	上电 I0.7	V10.7	I42.7	加工与检测单元实际的 PLC 的 I/O 分配缓冲区以及该单元的数据缓冲区要和 S7-300 主站硬件组态时的数据缓冲区相对应
2	开始 I1.0	V11.0	I43.0	
3	复位 I1.1	V11.1	I43.1	
4	调试 I1.2	V11.2	I43.2	
5	手动 I1.3	V11.3	I43.3	
6	联机 I1.4	V11.4	I43.4	
7	停止 I1.5	V11.5	I43.5	
8	开始灯 Q1.0	V13.0	I45.0	
9	复位灯 Q1.1	V13.1	I45.1	
10	已经加工	VW8	IW40	

通常的安装过程（通信电缆为标准的 PROFIBUS-DP 电缆）如下。

（1）将 PLC 控制板装入各站小车内。

（2）将控制面板接头插入 C1 的插槽内。

（3）将 PLC 控制板上接头 C4 插入执行部分接线端子的 C4 插槽内。

（4）使用联机模式时，用 DP 通信电缆将各站的 EM277 模块连接起来。

（5）将控制面板上的两个二位旋转开关分别旋至自动和联网状态。

注意！任何一处 DP 接头连接之前，必须关掉电源。

3.3 加工与检测单元项目实施——技能训练

1. 训练目的

按照加工与检测单元工艺要求，先按计划进行机械安装与调试，设计和完成电路的连接，并设计好调试程序和自动连续运行程序。

2. 训练要求

（1）熟悉加工与检测单元的功能及结构组成，并正确安装部件。

（2）能够根据控制要求设计气动控制回路原理图，安装气动执行器件并调试。

（3）安装所使用的传感器并能调试。

（4）查明PLC各端口地址，根据要求编写程序并调试。

（5）加工与检测单元安装与调试时间计划共计 6 个小时，以 2～3 人为一组，并请同学们根据表 3-7 进行记录。

请同学们仔细查看器件，根据所选系统及具体情况填写表 3-8。

表 3-7　工作计划表

步骤	内容	计划时间	实际时间	完成情况
1	整个练习的工作计划			
2	安装计划			
3	线路描述和项目执行图纸			
4	写材料清单和领料及工具			
5	机械部分安装			
6	传感器安装			
7	气路安装			
8	电路安装			
9	连接各部分器件			
10	各部分程序调试			
11	故障排除			

表 3-8　加工与检测单元材料清单

序号	代号	物品名称	规格	数量	备注（产地）
1		工位回转工作台			
2		刀具库（3 种刀具）			
3		升降式加工系统			
4		加工组件			
5		步进驱动器			
6		三相步进电动机			
7		光电传感器、接近开关			
8		开关电源			
9		可编程序控制器			
10		按钮			
11		I/O 接口板			
12		通信接口板			
13		电气网孔板			
14		直流减速电动机			
15		电磁阀组			
16		气缸			

任务一　加工与检测单元机械拆装与调试

1. 任务目的

（1）锻炼和培养学生的动手能力。

（2）加深对各类机械部件的了解，掌握其机械结构。

（3）巩固和加强机械制图课程的理论知识，为机械设计及其他专业课等后续课程的学习奠定必要的基础。

（4）掌握机械总成、各零部件及其相互间的连接关系、拆装方法和步骤及注意事项。

（5）锻炼动手能力，学习拆装方法和正确地使用常用机、工、量具和专门工具。

（6）熟悉和掌握安全操作常识，掌握零部件拆装后的正确放置、分类及清洗方法，培养文明生产的良好习惯。

（7）通过计算机制图，绘制单个零部件图。

2. 任务内容

（1）识别各种工具，掌握正确的使用方法。

（2）拆卸、组装各机械零部件、控制部件，如气缸、电动机、转盘、过滤器、PLC、开关电源、按钮等。

（3）装配所有零部件（装配到位，密封良好，转动自如）。

> **注意：**
> 在拆卸零件的过程中整体的零件不允许破坏性拆开，如气缸，丝杆副等。

3. 实训装置

（1）台面：刀具库机构、六工位机构、升降式加工系统、步进电动机执行机构。

（2）网孔板：PLC 控制机构、供电机构。

（3）各种拆装工具。

4. 拆装要求

具体拆卸与组装，**先外部后内部，先部件后零件**，按装配工艺顺序进行，拆卸的零件按顺序摆放，进行必要的记录、擦洗和清理。装配时按顺序进行，要一次安装到位。每个学生都要动手。

注意：
先拆的后装、后拆的先装。

5. 工艺流程

1）拆卸

工作台面：

（1）准备各种拆卸工具，熟悉工具的正确使用方法。

（2）了解所拆卸的机器主要结构，分析和确定主要拆卸内容。

（3）端盖、压盖、外壳类拆卸；接管、支架、辅助件拆卸。

（4）主轴、轴承拆卸。

（5）内部辅助件及其他零部件拆卸、清洗。

（6）各零部件分类、清洗、记录等。

网孔板：

（1）准备各种拆卸工具，熟悉工具的正确使用方法。

（2）了解所拆卸的器件主要分布，分析和确定主要拆卸内容。

（3）主机 PLC、空气开关、熔断丝座、I/O 接口板、转接端子及端盖、开关电源，以及导轨的拆卸。

（4）注意各元器件分类、元器件的分布结构、记录等。

2）组装

（1）理清组装顺序，先组装内部零部件，组装主轴及轴承。

（2）组装轴承固定环、上料地板等工作部件。

（3）组装内部件与壳体。

（4）组装压盖、接管及各辅助部件等。

（5）检查是否有未装零件，检查组装是否合理、正确和适度。

（6）具体组装可参考示意图 3-7。

6. 加工与检测单元机械拆装任务书

见表 3-9 至表 3-12。

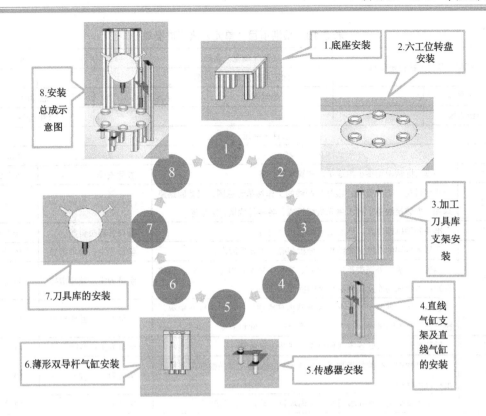

图 3-7 加工与检测单元拆装流程示意图

表 3-9 培训项目（单元）培养目标

项目（单元）任务单		项目（单元）名称		项目执行人	编 号
		加工与检测单元的拆装			
班级名称		开始时间		结束时间	总学时
班级人数					180分钟
项目（单元）培养内容					
模块	序号	内 容			
知识目标	1	锻炼和培养学生的动手能力			
	2	掌握机械总成、各零部件及其相互间的连接关系、拆装方法和步骤及注意事项			
	3	学习拆装方法和正确地使用常用机、工、量具和专门工具			
能力目标	1	识别各种工具，掌握正确使用方法			
	2	掌握拆卸、组装各机械零部件、控制部件的方法，如气缸、步进电动机、转盘、过滤器、电磁阀等			
	3	熟悉和掌握安全操作常识，掌握零部件拆装后的正确放置、分类及清洗方法，培养文明生产的良好习惯			
	4	能强化学生的安全操作意识			
	5	能锻炼学生的自我学习能力和创新能力			
执行人签名		教师签名		教学组长签名	

表 3-10　培训项目（单元）执行进度单

项目（单元）执行进度单		项目（单元）名称	项目执行人	编　　号
		加工与检测单元的拆装		
班级名称		开始时间	结束时间	总学时
班级人数				180分钟
项目（单元）执行进度				
序号	内　　容		方　　式	时间分配
1	根据实际情况调整小组成员，布置实训任务		教师安排	5分钟
2	小组讨论，查找资料，根据生产线的工作站单元总图、气动回路原理图、安装接线图，列出单元机械组成、各零件数量、型号等		学员为主，教师点评	20分钟
3	准备各种拆卸工具，熟悉工具的正确使用方法		器材管理员讲解	10分钟
4	了解所拆卸的机器主要结构，分析和确定主要拆卸内容		学员为主；教师指导	10分钟
5	端盖、压盖、外壳类拆卸；接管、支架、辅助件拆卸；主轴、轴承拆卸；内部辅助件及其他零部件的拆卸、清洗		学员为主；教师指导	45分钟
6	参考总图，理清组装顺序，先组装内部零部件，组装主轴及轴承。检查是否有未装零件，检查组装是否合理、正确和适度		学员为主，互相检查	45分钟
7	拆装过程中，做好各零部件分类、清洗、记录等		学员为主；教师指导	15分钟
8	组装过程中，在教师指导下，解决碰到的问题，并鼓励学生互相讨论，自己解决		学员为主；教师引导	10分钟
9	小组成员交叉检查并填写实习实训项目（单元）检查单		学员为主	10分钟
10	教师给学员评分		教师评定	10分钟
执行人签名		教师签名	教学组长签名	

表 3-11　培训项目（单元）设备、工具准备单

项目（单元）设备、工具准备单		项目（单元）名称		项目执行人	编　　号
		加工与检测单元的拆装			
班级名称		开始时间		结束时间	
班级人数					
项目（单元）设备、工具					
类型	序号	名称	型号	台（套）数	备注
设备	1	自动生产线实训装置	THMSRX-3型	3套	每个工作站安排2人（实验室提供）
工具	1	数字万用表	9205	1块	实训场备
	2	十字螺丝刀	8、4寸	2把	
	3	一字螺丝刀	8、4寸	2把	
	4	镊子		1把	
	5	尖嘴钳	6寸	1把	
	6	扳手			
	7	内六角扳手		1套	
执行人签名		教师签名		教学组长签名	

备注：所有工具按工位分配。

表 3-12 培训项目（单元）检查单

项目（单元）名称		项目指导老师		编　号
加工与检测单元的拆装				
班级名称	检查人	检查时间		检查评等
检查内容	检查要点		评　价	
参与查找资料，掌握生产线的工作站单元总图、气动回路原理图、安装接线图	能读懂图并且速度快			
列出单元机械组成、各零件数量、型号等	名称正确，了解结构			
工具摆放整齐	操作文明规范			
工具的使用	识别各种工具，掌握正确使用方法			
拆卸、组装各机械零部件、控制部件	熟悉和掌握安全操作常识，零部件拆装后的正确放置、分类及清洗方法			
装配所有零部件	检查是否有未装零件，检查组装是否合理、正确和适度			
调试时操作顺序	机械部件状态（如运动时是否干涉，连接是否松动），气管连接情况			
调试成功	工作站各机械能正确完成工作（装配到位，密封良好，转动自如）			
拆装出现故障	排除故障的能力以及对待故障的态度			
与小组成员合作情况	能否与其他同学和睦相处，团结互助			
遵守纪律方面	按时上、下课，中途不溜岗			
地面、操作台干净	接线完毕后能清理现场的垃圾			
小组意见				
教师审核				
被检查人签名	教师评等		教师签名	

任务二　加工与检测单元电气控制拆装与调试

子任务一　电气控制线路的分析和拆装　完成加工与检测单元布线

1. 任务目的

（1）掌握电路的基础知识、注意事项和基本操作方法。

（2）能正确使用常用接线工具。

（3）能正确使用常用测量工具（如万用表）。

（4）掌握电路布线技术。

（5）能安装和维修各个电路。

（6）掌握 PLC 外围直流控制及交流负载线路的接法及注意事项。

2. 实训设备

THMSRX-3 MES 网络型模块式柔性自动化生产线实训系统（8 站）加工与检测单元。

3. 任务内容

（1）根据电气原理图、气动原理图绘制接线图，可参考实训台上的接线。

（2）按绘制好的接线图研究走线方法，并进行板前明线布线和套编码管。

（3）根据绘制好的接线图完成实训台台面、网孔板的接线按图检测电路，经教师检查后，可通电进行下一步工作。

（4）参考图纸（图 3-8）。

子任务二　加工与检测单元编程

1. 任务目的

（1）利用所学的指令完成加工部分的程序编制。

（2）将所学的知识运用于实践中，培养分析问题、解决问题的能力。

（3）熟悉加工站各部件的工作情况，为整个 8 站的拼合与调试进行准备。

（4）在已熟悉加工部分的控制程序时，培养学生根据不同的控制要求编制程序的能力，逐步培养学生发现问题、分析问题、解决问题的能力。增加一些新的控制要求，培养学生修改程序、调试程序的能力。

（5）树立编程是为生产服务的思想，只要是生产上需要的，编程时必须充分考虑，设法满足。

2. 实训设备

（1）安装有 Windows 操作系统的 PC 一台（具有 STEP 7 MicroWin 软件）。

（2）PLC（西门子 S7-200 系列）一台。

（3）PC 与 PLC 的通信电缆一根（PC/PPI）。

（4）THMSRX-3 型 MES 网络型模块式柔性自动化生产线实训系统（8 站）加工单元。

3. 任务内容

（1）步进驱动器参数设置：电流设置（≥5A）与电动机电流相匹配,细分样例设为 10,000 步/圈。

（2）将编制好的程序送入 PLC 并运行。上电后"复位"指示灯闪烁，按"复位"按钮，工作转盘及各工位进行复位，复位完成后，B2=1、1B2=1、2B2=1、3B1=1，此时"开始"指示灯闪烁；按"开始"按钮，有物料放入时，一号工位传感器置 1 即 B1=1。按"调试"按钮，物料转动一个工位，物料进入二号工位。加工气缸、加工电动机和辅助气缸同时动作；检测气缸动作，模拟检测工件质量。

（3）重复上一步操作，转盘再次转动一个工位时，二号工位物料进入三号工位。

（4）再次重复第二步操作，转盘再次转动一个工位，三号工位物料进入四号工位。

4. 工艺流程

新建一个程序，根据上述控制要求和图 3-9，编写出相应的程序，并运行通过。

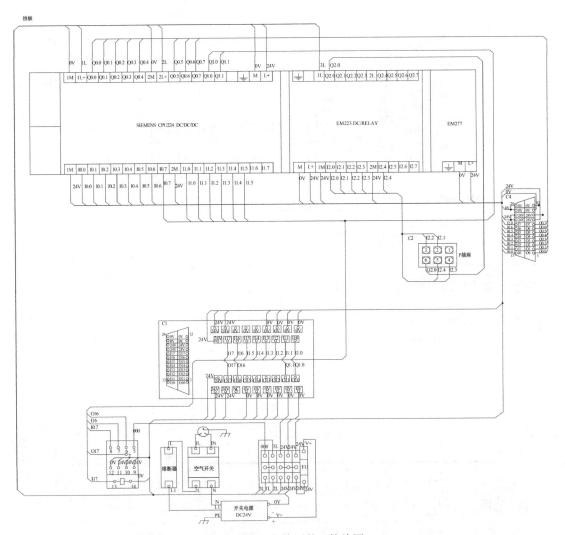

图 3-8　加工与检测单元接线图

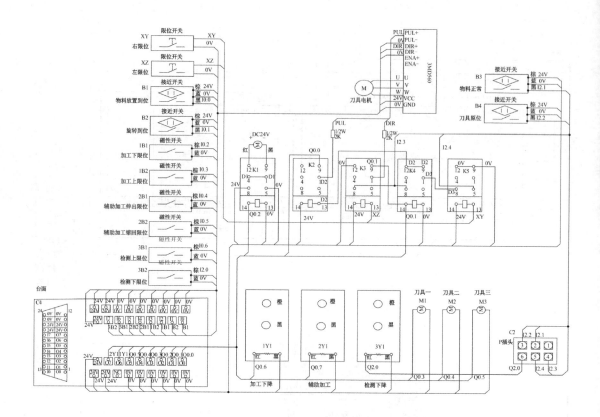

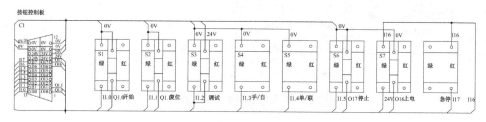

图 3-8　加工与检测单元接线图（续）

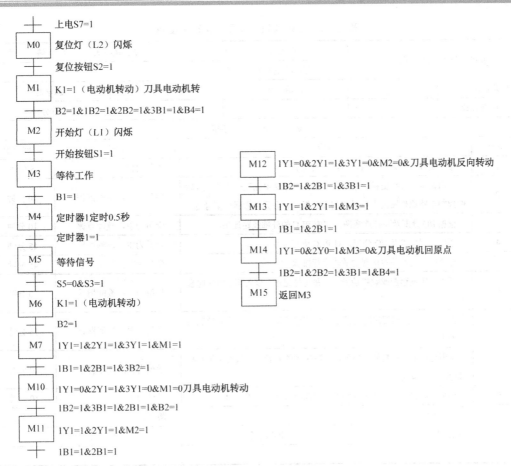

图 3-9　加工单元顺序控制图

5. 加工与检测单元电气控制拆装任务书

见表 3-13 至表 3-16。

表 3-13　培训项目（单元）培养目标

项目（单元）任务单		项目（单元）名称		项目执行人	编　号
		加工与检测单元电气控制拆装			
班级名称		开始时间	结束时间		总学时
班级人数					180 分钟
项目（单元）培养内容					
模块	序号	内　容			
知识目标	1	掌握 PLC 软件及基本指令的应用			
	2	掌握自动生产线控制程序的编写方法			
	3	掌握 PLC 控制系统的总体构建方法			
能力目标	1	知道 PLC 在自动生产线中的应用			
	2	能进行 PLC 电气系统图的识图、绘制，以及硬件电路接线			
	3	会进行自动生产线 PLC 控制程序的编写及调试			
	4	能解决编程过程中遇到的实际问题			
	5	能锻炼学生的自我学习能力和创新能力			
执行人签名		教师签名		教学组长签名	

表 3-14　培训项目（单元）执行进度单

项目（单元）执行进度单		项目（单元）名称		项目执行人	编　号
		加工与检测单元电气控制拆装			
班级名称		开始时间		结束时间	总学时
班级人数					180 分钟
项目（单元）执行进度					
序号	内容			方式	时间分配
1	根据实际情况调整小组成员，布置实训任务			教师安排	5 分钟
2	小组讨论，查找资料，根据生产线的工作站单元硬件连线图、软件控制电路原理图列出单元控制部分组成、各元件数量、型号等			学员为主，教师点评	10 分钟
3	根据 I/O 分配及硬件连线图，完成 PLC 的外部线路连接			学员为主，教师点评	10 分钟
4	根据控制要求及 I/O 分配，对 PLC 进行编程			学员为主；教师指导	45 分钟
5	检查硬件线路并对出现的故障进行排除			学员为主；互相检查	45 分钟
6	画出程序流程图或顺序功能图，并写好记录，以备调试程序时参考			学员为主；教师指导	20 分钟
7	检查程序，并根据出现的问题对程序进行调整，直到满足控制要求为止			学员为主；教师指导	15 分钟
8	实训过程中，在教师指导下，解决碰到的问题，并鼓励学生互相讨论，自己解决			学员为主；教师引导	10 分钟
9	小组成员交叉检查并填写实习实训项目（单元）检查单			学员为主	10 分钟
10	教师给学员评分			教师评定	10 分钟
执行人签名	教师签名			教学组长签名	

表 3-15　培训项目（单元）设备、工具准备单

项目（单元）设备、工具准备单		项目（单元）名称		项目执行人	编　号
		加工与检测单元电气控制拆装			
班级名称		开始时间		结束时间	
班级人数					
项目（单元）设备、工具					
类型	序号	名称	型号	台（套）数	备注
设备	1	自动生产线实训装置	THMSRX-3 型	3 套	每个工作站安排 2 人（实验室提供）
工具	1	数字万用表	9205	1 块	实训场备
	2	十字螺丝刀	8、4 寸	2 把	
	3	一字螺丝刀	8、4 寸	2 把	
	4	镊子		1 把	
	5	尖嘴钳	6 寸	1 把	
	6	扳手			
	7	内六角扳手		1 套	
执行人签名	教师签名			教学组长签名	

备注：所有工具按工位分配。

表 3-16　培训项目（单元）检查单

项目（单元）名称	项目指导老师		编　号
加工与检测单元电气控制拆装			
班级名称	检查人	检查时间	检查评等
检查内容	检查要点		评　价
参与查找资料，掌握生产线的工作站单元硬件连线图、I/O 分配原理图、程序流程图	能读懂图并且速度快		
列出单元 PLC 的 I/O 分配、各元件数量、型号等	名称正确，和实际的一一对应		
工具摆放整齐	操作文明规范		
万用表等工具的使用	识别各种工具，掌握正确使用方法		
传感器等控制部件的正确安装	熟悉和掌握安全操作常识，以及器件安装后的正确放置、连线及测试方法		
装配所有器件后，通电联调	检查是否能正确动作，对出现的故障能否排除		
调试程序时的操作顺序	是否有程序流程图，调试是否有记录以及故障的排除		
调试成功	工作站各部分能正确完成工作，运行良好		
硬件及软件故障的排除	排除故障的能力以及对待故障的态度		
与小组成员合作情况	能否与其他同学和睦相处，团结互助		
遵守纪律方面	按时上、下课，中途不溜岗		
地面、操作台干净	接线完毕后能清理现场的垃圾		
小组意见			
教师审核			
被检查人签名	教师评等		教师签名

任务三　加工与检测单元的调试及故障排除

任务目标

在机械拆装以及电气控制电路的拆装过程中，应进一步了解掌握设备调试的方法、技巧及应注意的要点，培养严谨的作风，须做到以下几点。

（1）所用工具的摆放位置正确，使用方法得当。

（2）所用各部分器件注意好坏及归零。

（3）注意各机械设备的配合动作及电动机的平衡运行。

（4）电气控制电路的拆装过程中，必须认真检查线路的连接。重点检查电源线的走向。

（5）在程序下载前，必须认真检查。重点检查各个执行机构之间是否会发生冲突，如有冲突，应立即停下，认真分析原因（机械、电气、程序等）并及时排除故障，以免损坏设备。

（6）总结经验，把调试过程中遇到的问题、解决的方法记录在表 3-17 中。

表 3-17　调试运行记录表

观察步骤 \ 结果 \ 观察项目	六工位回转工作台	刀具库（3种刀具）	升降式加工系统	步进电动机	减速电动机	信号灯	气缸	传感器	PLC	单元动作
各机械设备的动作配合										
各电气设备是否正常工作										
电气控制线路的检查										
程序能否正常下载										
单元是否按程序正常运行										
故障现象										
解决方法										

表 3-18 用于评分。

表 3-18　总评分表

班级　　第　　组			评 分 标 准	学生自评	教师评分	备注
评分内容		配分				
加工与检测单元	工作计划 材料清单 气路图 电路图 接线图 程序清单	12	没有工作计划扣2分；没有材料清单扣2分；气路图绘制有错误的扣2分；主电路绘制有错误的，每处扣1分；电路图符号不规范，每处扣1分			
	零件故障和排除	10	六工位回转工作台、刀具库（3种刀具）、升降式加工系统、加工组件、检测组件、步进驱动器、三相步进电动机、光电传感器、接近开关、开关电源、可编程序控制器、按钮、I/O接口板、通信接口板、电气网孔板、直流减速电动机、电磁阀及气缸等零件没有测试以确认好坏并予以维修或更换，每处扣1分			
	机械故障和排除	10	错误调试导致六工位回转工作台不能运行，扣6分			
			步进驱动器调整不正确，每处扣1.5分			
			气缸调整不恰当，扣1分			
			有紧固件松动现象，每处扣0.5分			
	气路连接故障和排除	10	气路连接未完成或有错，每处扣2分			
			气路连接有漏气现象，每处扣1分			
			气缸节流阀调整不当，每处扣1分			
			气管没有绑扎或气路连接凌乱，扣2分			
	电路连接故障和排除	20	不能实现要求的功能、可能造成设备或元件损坏，1分/处，最多扣4分			
			没有必要的限位保护、接地保护等，每处扣1分，最多扣3分			
			必要的限位保护未接线或接线错误扣1.5分			
			端子连接、插针压接不牢或超过2根导线，每处扣0.5分，端子连接处没有线号，每处扣0.5分，两项最多扣3分，电路接线没有绑扎或电路接线凌乱，扣1.5分			

续表

班级 第 组		评 分 标 准	学生自评	教师评分	备注
评分内容	配分				
加工与检测单元 程序的故障和排除	20	按钮不能正常工作,扣1.5分			
		上电后不能正常复位,扣1分			
		参数设置不对,不能正常和PLC通信,扣1分			
		指示灯亮灭状态不满足控制要求,每处扣0.5分			
单元正常运行工作 初始状态检查和复位,系统正常停止	8	运行过程缺少初始状态检查,扣1.5分。初始状态检查项目不全,每项扣0.5分。系统不能正常运行扣2分,系统停止后,不能再启动扣0.5分			
职业素养与安全意识	10	现场操作安全保护符合安全操作规程;工具摆放、包装物品、导线线头等的处理符合职业岗位的要求;团队有分工有合作,配合紧密;遵守纪律,尊重工作人员,爱惜设备和器材,保持工位的整洁			
总计	100				

3.4   重点知识、技能归纳

(1)在自动生产线中我们可以这样比喻:PLC 就像人的大脑;光电传感器就像人的眼睛;电动机与传动带就像人的腿;电磁阀组就像人的肌肉;人机界面就像人的嘴巴;软件就像人的大脑中枢神经;磁性开关就像人的触觉;直线气缸就像人的手和胳膊;通信总线就像人的神经系统。

(2)步进电动机作为执行元件,是机电一体化的关键产品之一,广泛应用在各种自动化控制系统中。随着微电子和计算机技术的发展,步进电动机的需求量与日俱增,在各个国民经济领域都有应用。

(3)SIMATIC S7-200 CPU22x 系列 PLC 还设有高速脉冲输出,输出频率可达 20kHz,用于 PTO(输出一个频率可调,占空比为 50%的脉冲)和 PWM(输出占空比可调的脉冲),高速脉冲输出的功能可用于对电动机进行速度控制及位置控制和控制变频器使电动机调速。

(4)学习本部分内容时,应通过训练熟悉加工与检测单元的结构与功能,亲身实践自动生产线的 PLC 对步进电动机等控制技术,并将这些技术融会贯通。

3.5   工程素质培养

(1)了解步进电动机在实际应用中应注意的问题。说说你碰到了什么问题?如何解决的?

(2)了解当前国内、国际上的主要步进电动机生产厂家以及当前步进电动机技术的进展、应用领域与行业。

（3）认真填写培训项目（单元）执行进度记录，归纳加工与检测单元 PLC 控制调试中的故障原因及排除故障的思路。

（4）步进电动机和步进电动机驱动器在实际应用中是如何配合的？说明使用的注意事项。

（5）在机械拆装以及电、气动控制电路的拆装过程中，进一步掌握步进电动机与步进电动机驱动器安装、调试的方法和技巧，并组织小组讨论和各小组之间的交流。

项目四　搬运分拣单元

4.1　搬运分拣单元项目引入

1. 主要组成与功能

搬运分拣单元由摆台、无杆气缸、薄形气缸、气动手指、推料气缸、磁性传感器、废料存储器、工业导轨、开关电源、可编程序控制器、按钮、I/O 接口板、通信接口板、电气网孔板以及多种类型电磁阀组成，主要任务为根据上一站的加工完成信号和废料信号，完成废料分拣、搬运任务，见图 4-1。工件搬运到成品输送线上或搬运到废料盒处以后，摆台返回原位等待下一个工件。

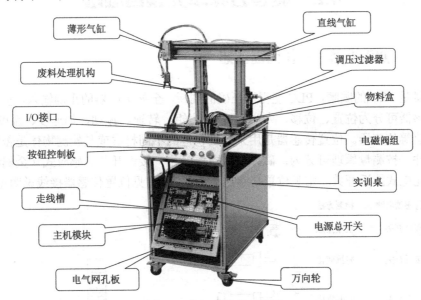

图 4-1　搬运分拣单元总图

（1）摆台：由薄形气缸控制，实现三个位置（向左、中间、向右）的摆动。

（2）前臂单杆气缸：控制摆台前臂上下动作，由单向电控阀控制，电磁阀得电，前臂低下。

（3）电磁阀：用于控制各个气缸的升出、缩回动作。

（4）推料气缸：完成废料的分拣任务。

（5）废料存储器：系统将检测为废料的工件分拣出来，由推料气缸将工件推入废料存储器内。

（6）气动手指：完成工件的夹取任务。

2. 主要技术指标

控制电源：直流 24V/4.5A。

PLC 控制器：西门子。

电磁阀：4V110-06，4V120-06，4V130C-06。

调速阀：出气节流式。

磁性开关：D-C73L，D-A73L，Z73L。

气缸：CDJ2B16-30，CY3RG20-600，MDU25-50DM。

气动手指：MHZ2-16D。

浮动接头：SC-20-F/M6*1。

3. 工艺流程

搬运分拣单元接收到加工检测单元信号后，机械手向右动作搬运工件，如果是不合格工件，则将其放到废料台，由推料气缸将废料推至废料存储器中；如果工件合格，机械手将其搬运到变频传送单元，该站主要作用为将生产线中产生的废料进行分拣，并将其放至废料存储器中；将合格工件搬运到变频传送单元，然后系统回到原位。

4.2　搬运分拣单元项目准备

任务一　知识准备——传感器认知

传感器是 PLC 的眼睛，PLC 能得出正确的判断，全靠感应器的正确输入。按被测量参数分类传感器可分为位置、位移、力（重量）、力矩、转速、振动、加速度、温度、压力、流量、流速等传感器。位置传感器是用来识别物体的不同材质或是检测物体是否到达预定位置的器件，按测量原理可分为：磁控式（磁场变化）接近开关、感应式（金属物体）接近开关、光电式接近开关。常见位置传感器见图 4-2。常见位置传感器接线说明见图 4-3。

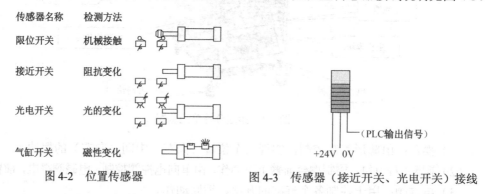

图 4-2　位置传感器　　　　　图 4-3　传感器（接近开关、光电开关）接线

PLC 控制系统接线时，应将传感器的电源线（一般棕色的为+24V、蓝色的为 0V、黑色的为信号输出）接到 PLC 的输出（24V）上，信号线接到 PLC 输入端子上，见图 4-3。

生产线中使用的传感器外形及电气符号见图 4-4。

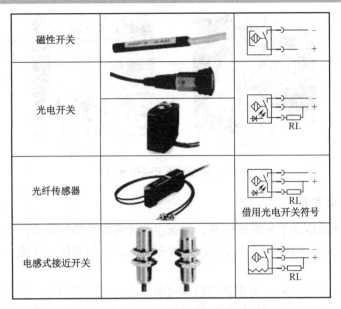

图 4-4　生产线中使用的传感器外形及电气符号

1. 磁控接近开关

磁控接近开关又称气缸开关，其实物与符号如图 4-5 所示。

（a）实物图　　　　　　　　　（b）电气图形符号

图 4-5　磁控接近开关的实物与符号

磁控接近开关的工作原理：干簧管是最简单的磁控接近开关。如图 4-6 所示，当有磁性物质接近磁控开关时，磁控开关被磁化而使得接点吸合在一起，从而使回路接通。内部接线图见图 4-7。

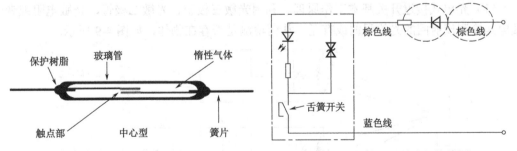

图 4-6　磁控接近开关（干簧管）结构　　　图 4-7　磁控接近开关内部接线图

磁控接近开关的作用是检测气缸的位置。在安装的时候，棕色的线接+24V、蓝色的线接 0V，并将开关装在合适位置，经调试后方可使用（见图 4-8）。

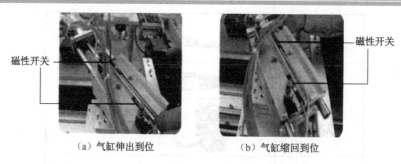

（a）气缸伸出到位　　　　　　　　（b）气缸缩回到位

图 4-8　磁控接近开关位置调整

2. 光电式接近开关

光电式接近开关适用于环境比较好、无灰尘、无粉尘污染的场合，为非接触式测量器件，对被测物体无任何影响，在工业生产过程中得到广泛的应用。光电式接近开关有如下类型。

● 漫反射式光电开关：一种集发射器和接收器于一体的传感器，当有被检测物体经过时，物体将光电开关发射器发射的足够量的光线反射到接收器，于是光电开关就产生了开关信号。当被检测物体的表面光亮或其反光率极高时，漫反射式的光电开关是首选的检测工具。

● 镜反射式光电开关：集发射器与接收器于一体，光电开关发射器发出的光线经过反射镜反射回接收器，当被检测物体经过且完全阻断光线时，光电开关就产生了检测开关信号。

● 对射式光电开关：包含了在结构上相互分离且光轴相对放置的发射器和接收器，发射器发出的光线直接进入接收器，被检测物体经过发射器和接收器之间且阻断光线时，光电开关就产生了开关信号。当检测物体不透明时，对射式光电开关是最可靠的检测装置。

● 槽式光电开关：位于 U 形槽的两边，并形成一光轴，当被检测物体经过 U 形槽且阻断光轴时，光电开关就产生了开关量信号。槽式光电开关比较适合检测高速运动的物体，并且它能分辨透明与半透明物体，使用安全可靠。

（1）光电式接近开关基本工作原理。利用光敏三极管、光敏二极管、光敏电阻或者光敏电池检测反射回的光的强弱或有无，从而检测是否存在物体，如图 4-9 所示。

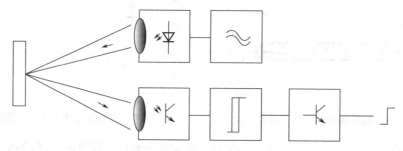

图 4-9　反射式光电式接近开关的原理图

（2）光电式接近开关的安装（图 4-10）。

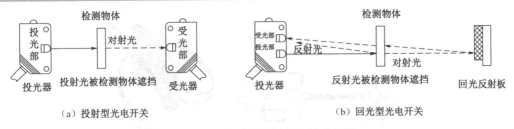

图 4-10　光电式接近开关安装示意图

光电式接近开关接线与调整：将开关的电源线接到 PLC 的输出（24V）上，信号线接到 PLC 输入端子上，如果传感器有感应，则 PLC 就会有输入，反之就不会有输入。首先调整绿灯（电源指示灯）亮；然后调整位置和灵敏度，当被检测物体在范围内时，橙色灯亮。见图 4-11。

（a）光电开关没有正确安装　　　（b）光电开关调整到位检测到工件　　　（c）光电开关没有检测到工件

图 4-11　光电式接近开关的调整

3．光纤式光电开关

光纤式光电开关采用塑料或玻璃光纤来引导光线，可以对距离远的被检测物体进行检测。光纤式光电开关采用非接触式测量，灵敏度较高；几何形状具有多方面的适应性，可以制成任意形状的光纤传感器；可以制造传导各种不同物理信息（声、磁、温度、旋转等）的器件；可以用于高压、电气噪声、高温、腐蚀或其他恶劣环境；具有与光纤遥测技术的内在相容性。

光纤传感器由光纤检测头、光纤放大器两部分组成，检测头和放大器是分离的两个部分。光纤传感器分为传感型和传光型两大类。传光型光纤传感器的工作原理与光电传感器类似，一个是发光端，一个是光的接收端，分别接到光纤放大器。

通常光纤传感器分为对射式和漫反射式，其调整与安装见图 4-12 和图 4-13。

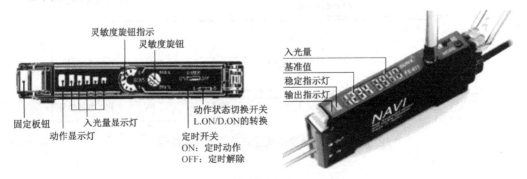

图 4-12　光纤式光电开关调整

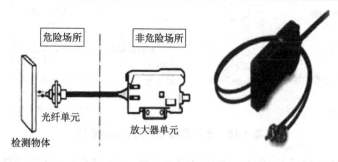

图 4-13　光纤式光电开关安装图

4. 其他接近开关

1）电涡流式接近开关

开关内部有一个线圈，其通有一定频率电流，从而产生磁场。导电物体在接近开关的电磁场时，使物体内部产生涡流。这个涡流反作用到接近开关，使开关内部电路参数发生变化，由此识别出有无导电物体移近，进而控制开关的通或断。此种接近开关所能检测的物体必须是导电体。

2）电容式接近开关

开关的测量回路通常是构成电容器的一个极板，而另一个极板是开关的外壳。外壳在测量过程中通常接地或与设备的机壳相连接。当有物体移向接近开关时，不论它是否为导体，由于它的接近，总要使电容的介电常数发生变化，从而使电容量发生变化，使得和测量头相连的电路状态也随之发生变化，由此便可控制开关的接通或断开。这种接近开关检测的对象不限于导体，可以是绝缘的液体或粉状物等。

3）电感式接近开关

电感式接近开关由振荡器、开关电路及放大输出电路组成。振荡器产生一个交变磁场，当金属目标接近这一磁场并达到感应距离时，在金属目标内产生涡流，从而导致振荡衰减，以至停振。振荡器振荡情况的变化影响到后级放大电路并被转换成开关信号，触发驱动控制器件，从而达到非接触式检测之目的。

上述接近开关的电气连接同电涡流式接近开关（见图 4-14），其位置调整见图 4-15。

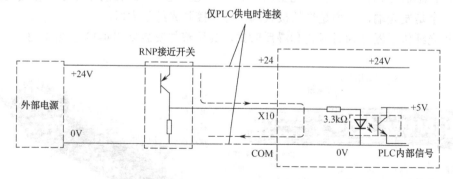

图 4-14　电涡流式接近开关的电气连接图

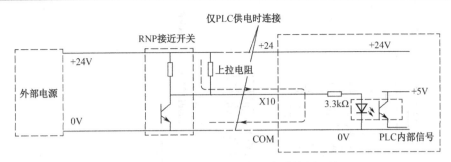

图 4-14　电涡流式接近开关的电气连接图（续）

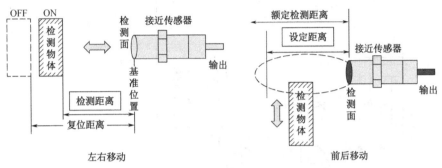

图 4-15　电涡流式接近开关的调整

5. 数字式位置传感器

位置传感器可分为直接测量和间接测量两大类。若位置传感器所测量的对象就是被测量本身，即用直线式传感器测直线位移，用旋转式传感器测角位移，则该测量方式为直接测量，例如直接用于直线位移测量的直线光栅和长磁栅等；直接用于角度测量的角编码器、圆光栅、圆磁栅等。若旋转式位置传感器测量的回转运动只是中间值，再由它推算出与之关联的移动部件的直线位移，则该测量方式为间接测量。

直接测量误差较小。在间接测量中，多使用旋转式位置传感器。测量到的回转运动参数仅仅是中间值，但可由此中间值再推算出与之关联的移动部件的直线位移。

间接测量须使用丝杠—螺母、齿轮—齿条等传动机构。这些传动机构能够将旋转运动转换成直线运动。但应设法消除传导过程产生的间隙误差。

按测量的基准，数字式位置传感器的测量方式也可分为增量式测量和绝对式测量。在增量式测量中，移动部件每移动一个基本长度单位，位置传感器便发出一个测量信号，此信号通常是脉冲形式的。这样，一个脉冲所代表的基本长度单位就是分辨力，对脉冲计数便可得到位移量。

绝对式测量的特点是每一个被测点都有一个对应的编码，常以二进制数据形式来表示。以绝对式测量工作时，即使断电之后再重新上电，也能读出当前位置的数据。典型的绝对式位置传感器有绝对式角编码器等。

任务二　技能准备

子任务一　搬运分拣单元气动控制

气动控制系统是本工作单元的执行机构,该执行机构的逻辑控制功能是由PLC实现的。气动控制回路的工作原理见图4-16。

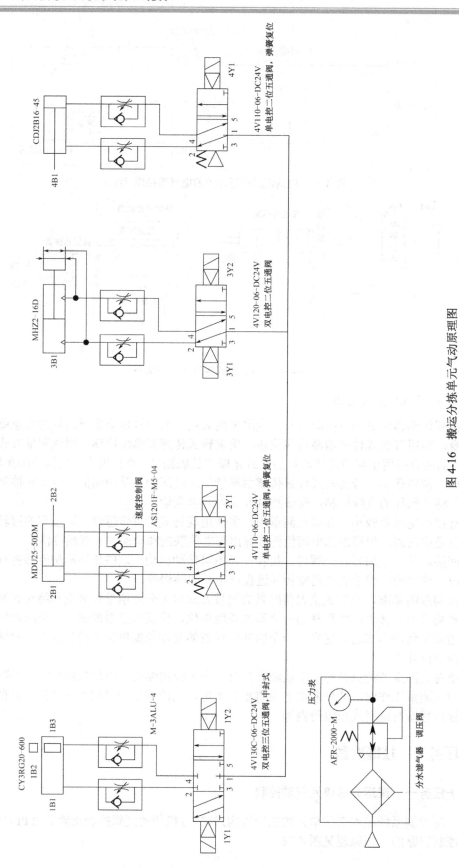

图 4-16 搬运分拣单元气动原理图

（1）1B1、1B2、1B3 为安装在无杆气缸中的三个极限工作位置的磁性传感器。1Y1、1Y2 为控制无杆气缸的电磁阀。

（2）2B1、2B2 为安装在薄形气缸中的两个极限工作位置的磁性传感器。2Y1 为控制气缸的电磁阀。

（3）3B1 为安装在夹紧气缸（手爪）中的一个极限工作位置的磁性传感器。3Y1、3Y2 为控制气缸的电磁阀。

（4）4B1 为安装在推料气缸中的极限工作位置的磁性传感器。4Y1 为控制推料气缸的电磁阀。

子任务二　搬运分拣单元电气控制

PLC 的控制原理图如图 4-17 所示。

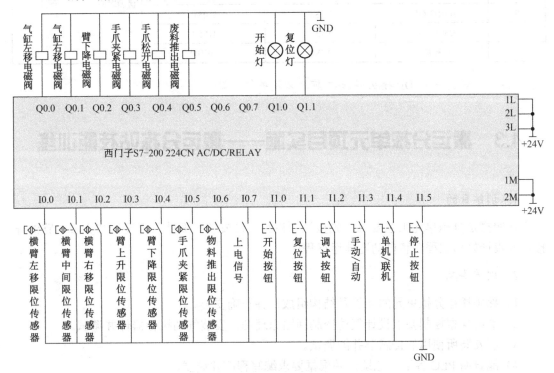

图 4-17　搬运分拣单元 PLC 原理图

该单元的复位信号、开始信号、停止信号均从触摸屏发出，经过 S7-300 程序处理后，向各单元发送控制要求，以实现各站的复位、开始、停止等操作。各从站在运行过程中的状态信号应存储到该单元 PLC 规划好的数据缓冲区，以实现整个系统的协调运行。数据规划表见表 4-1。

通常的安装过程（通信电缆为标准的 PROFIBUS-DP 电缆）如下。

（1）将PLC控制板装入各站小车内。

（2）将控制面板接头插入C1的插槽内。

（3）将PLC控制板上接头C4插入执行部分接线端子的C4插槽内。

（4）使用联机模式时，用通信电缆将各站的EM277模块连接起来。

（5）将控制面板上的两个二位旋转开关分别旋至自动和联网状态。

表 4-1　网络读/写数据规划表

序　号	系统输入网络向 MES 发送数据	S7-200 从站 1 数据（搬运、分拣）	主站对应数据（S7-300）	功　能
1	上电 I0.7	V10.7	I102.7	搬运分拣单元实际的 PLC 的 I/O 分配缓冲区以及该单元的数据缓冲区要和 S7-300 主站硬件组态时的数据缓冲区相对应
2	开始 I1.0	V11.0	I103.0	
3	复位 I1.1	V11.1	I103.1	
4	调试 I1.2	V11.2	I103.2	
5	手动 I1.3	V11.3	I103.3	
6	联机 I1.4	V11.4	I103.4	
7	停止 I1.5	V11.5	I103.5	
8	开始灯 Q1.0	V13.0	I105.0	
9	复位灯 Q1.1	V13.1	I105.1	
10	已经加工	VW8	IW100	

注意！任何一处 DP 接头连接之前，必须关掉电源。

4.3　搬运分拣单元项目实施——搬运分拣站技能训练

1. 训练目的

按照搬运分拣单元工艺要求，先按计划进行机械安装与调试，再设计和完成电路的连接，并设计好调试程序和自动连续运行程序。

2. 训练要求

1）熟悉搬运分拣单元的功能及结构组成，并正确安装。

2）能够根据控制要求设计气动控制回路原理图，安装气动执行器件并调试。

3）能安装所使用的传感器并能调试。

4）能查明 PLC 各端口地址，并根据要求编写程序并调试。

5）搬运分拣单元安装与调试时间计划共计 6 小时，以 2～3 人为一组，并请同学们根据表 4-2 进行记录。

表 4-2　工作计划表

步　骤	内　容	计 划 时 间	实 际 时 间	完 成 情 况
1	整个练习的工作计划			
2	安装计划			
3	线路描述和项目执行图纸			
4	写材料清单和领料及工具			
5	机械部分安装			
6	传感器安装			

步 骤	内 容	计 划 时 间	实 际 时 间	完 成 情 况
7	气路安装			
8	电路安装			
9	连接各部分器件			
10	各部分程序调试			
11	故障排除			

请同学们仔细查看器件，根据所选系统及具体情况填写表 4-3。

表 4-3 搬运分拣单元材料清单

序 号	代 号	物 品 名 称	规 格	数 量	备注（产地）
1		摆台			
2		无杆气缸			
3		薄形气缸			
4		气动手指			
5		推料气缸			
6		磁性传感器			
7		工业导轨			
8		开关电源			
9		可编程序控制器			
10		按钮			
11		I/O 接口板			
12		通信接口板			
13		电气网孔板			
14		直流减速电动机			
15		电磁阀组			

任务一 搬运分拣单元机械拆装与调试

1. 任务目的

（1）锻炼和培养学生的动手能力。

（2）加深对各类机械部件的了解，掌握其机械结构。

（3）巩固和加强机械制图课程的理论知识，为机械设计及其他专业课等后续课程的学习奠定必要的基础。

（4）掌握机械总成、各零部件及其相互间的连接关系、拆装方法和步骤及注意事项。

（5）锻炼动手能力，学习拆装方法和正确地使用常用机、工、量具和专门工具。

（6）熟悉和掌握安全操作常识，掌握零部件拆装后的正确放置、分类及清洗方法，培养文明生产的良好习惯。

（7）通过计算机制图，绘制单个零部件图。

2. 任务内容

（1）识别各种工具，掌握正确使用方法。

（2）拆卸、组装各机械零部件、控制部件，如气缸、电动机、转盘、过滤器、PLC、开关电源、按钮等。

（3）装配所有零部件（装配到位，密封良好，转动自如）。

> **注意：**
> 在拆卸零件的过程中整体的零件不允许破坏性拆开，如气缸，丝杆副等。

3. 实训装置

（1）台面：警示灯机构、提升机构、上料机构、执行机构。

（2）网孔板：PLC控制机构、供电机构。

（3）各种拆装工具。

4. 拆装要求

具体拆卸与组装原则为**先外部后内部，先部件后零件**；按装配工艺顺序进行，拆卸的零件按顺序摆放，进行必要的记录、擦洗和清理。装配时按顺序进行，要一次安装到位。每个学生都要动手。

> **注意：**
> 先拆的后装、后拆的先装。

5. 工艺流程

1）拆卸

工作台面：

（1）准备各种拆卸工具，熟悉工具的正确使用方法。

（2）了解所拆卸的机器主要结构，分析和确定主要拆卸内容。

（3）端盖、压盖、外壳类拆卸；接管、支架、辅助件拆卸。

（4）主轴、轴承拆卸。

（5）内部辅助件及其他零部件拆卸、清洗。

（6）各零部件分类、清洗、记录等。

网孔板：

（1）准备各种拆卸工具，熟悉工具的正确使用方法。

（2）了解所拆卸的器件主要分布，分析和确定主要拆卸内容。

（3）主机PLC、空气开关、熔断丝座、I/O接口板、转接端子及端盖、开关电源及导轨的拆卸。

（4）注意各元器件分类、元器件的分布结构、记录等。

2）组装

（1）理清组装顺序，先组装内部零部件，组装主轴及轴承。

（2）组装轴承固定环、上料地板等工作部件。

（3）组装内部件与壳体。

（4）组装压盖、接管及各辅助部件等。

（5）检查是否有未装零件，检查组装是否合理、正确和适度。

（6）具体组装可参考图4-18。

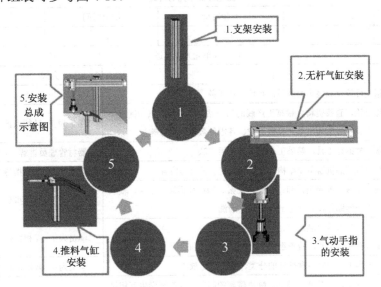

图4-18 搬运分拣单元拆装流程示意图

6. 搬运分拣单元机械拆装任务书

见表4-4至表4-7。

表4-4 培训项目（单元）培养目标

项目（单元）任务单		项目（单元）名称		项目执行人	编 号
		搬运分拣单元的拆装			
班级名称		开始时间	结束时间		总学时
班级人数					180分钟
项目（单元）培养内容					
模块	序号	内　　容			
知识目标	1	锻炼和培养学生的动手能力			
	2	掌握机械总成、各零部件及其相互间的连接关系、拆装方法和步骤及注意事项			
	3	学习拆装方法和正确地使用常用机、工、量具和专门工具			
能力目标	1	识别各种工具，掌握正确使用方法			
	2	掌握拆卸、组装各机械零部件、控制部件的方法，如气缸、电动机、转盘、过滤器、电磁阀等			
	3	熟悉和掌握安全操作常识，掌握零部件拆装后的正确放置、分类及清洗方法，培养文明生产的良好习惯			
	4	强化学生的安全操作意识			
	5	锻炼学生的自我学习能力和创新能力			
执行人签名		教师签名		教学组长签名	

表4-5　培训项目（单元）执行进度单

项目（单元）执行进度单		项目（单元）名称	项目执行人	编　号
		搬运分拣单元的拆装		
班级名称		开始时间	结束时间	总学时
班级人数				180分钟
项目（单元）执行进度				
序号	内　容		方式	时间分配
1	根据实际情况调整小组成员，布置实训任务		教师安排	5分钟
2	小组讨论，查找资料，根据生产线的工作站单元总图、气动回路原理图、安装接线图列出单元机械组成、各零件数量、型号等		学员为主，教师点评	20分钟
3	准备各种拆卸工具，熟悉工具的正确使用方法		器材管理员讲解	10分钟
4	了解所拆卸的机器主要结构，分析和确定主要拆卸内容		学员为主；教师指导	10分钟
5	端盖、压盖、外壳类拆卸；接管、支架、辅助件拆卸；主轴、轴承拆卸；内部辅助件及其他零部件拆卸、清洗		学员为主；教师指导	45分钟
6	参考总图，理清组装顺序，先组装内部零部件，组装主轴及轴承。检查是否有未装零件，检查组装是否合理、正确和适度		学员为主；互相检查	45分钟
7	拆装过程中，做好各零部件的分类、清洗、记录等		学员为主；教师指导	15分钟
8	组装过程中，在教师指导下，解决碰到的问题，并鼓励学生互相讨论，自己解决		学员为主；教师引导	10分钟
9	小组成员交叉检查并填写实习实训项目（单元）检查单		学员为主	10分钟
10	教师给学员评分		教师评定	10分钟
执行人签名		教师签名	教学组长签名	

表4-6　培训项目（单元）设备、工具准备单

项目（单元）设备、工具准备单		项目（单元）名称		项目执行人	编　号
		搬运分拣单元的拆装			
班级名称		开始时间		结束时间	
班级人数					
项目（单元）设备、工具					
类型	序号	名称	型号	台（套）数	备　注
设备	1	自动生产线实训装置	THMSRX-3型	3套	每个工作站安排2人（实验室提供）
工具	1	数字万用表	9205	1块	实训场备
	2	十字螺丝刀	8、4寸	2把	
	3	一字螺丝刀	8、4寸	2把	
	4	镊子		1把	
	5	尖嘴钳	6寸	1把	
	6	扳手			
	7	内六角扳手		1套	
执行人签名		教师签名		教学组长签名	

备注：所有工具按工位分配。

表 4-7 培训项目（单元）检查单

项目（单元）名称		项目指导老师	编 号
搬运分拣单元的拆装			
班级名称	检查人	检查时间	检查评等
检查内容	检查要点		评 价
参与查找资料，掌握生产线的工作站单元总图、气动回路原理图、安装接线图	能读懂图并且速度快		
列出单元机械组成、各零件数量、型号等	名称正确，了解结构		
工具摆放整齐	操作文明规范		
工具的使用	识别各种工具，掌握正确使用方法		
拆卸、组装各机械零部件、控制部件	熟悉和掌握安全操作常识，零部件拆装后的正确放置、分类及清洗方法		
装配所有零部件	检查是否有未装零件，检查组装是否合理、正确和适度		
调试时操作顺序	机械部件状态（如运动时是否干涉，连接是否松动），气管连接状态		
调试成功	工作站各机械能正确完成工作（装配到位，密封良好，转动自如）		
拆装出现故障	排除故障的能力以及对待故障的态度		
与小组成员合作情况	能否与其他同学和睦相处，团结互助		
遵守纪律方面	按时上、下课，中途不溜岗		
地面、操作台干净	接线完毕后能清理现场的垃圾		
小组意见			
教师审核			
被检查人签名	教师评等		教师签名

任务二 搬运分拣单元电气控制拆装与调试

子任务一 电气控制线路的分析和拆装 完成搬运分拣单元布线

1. 任务目的

（1）掌握电路的基础知识、注意事项和基本操作方法。
（2）能正确使用常用接线工具。
（3）能正确使用常用测量工具（如万用表）。
（4）掌握电路布线技术。
（5）能安装和维修各个电路。
（6）掌握PLC外围直流控制及交流负载线路的接法及注意事项。

2. 实训设备

THMSRX-3 型 MES 网络型模块式柔性自动化生产线实训系统（8 站）搬运分拣单元。

3. 任务内容

（1）根据电气原理图、气动原理图绘制接线图，可参考实训台上的接线。
（2）按绘制好的接线图研究走线方法，并进行板前明线布线和套编码管。
（3）根据绘制好的接线图完成实训台台面、网孔板的接线。
按图 4-19 检测电路，经教师检查后，通电可进行下一步工作。

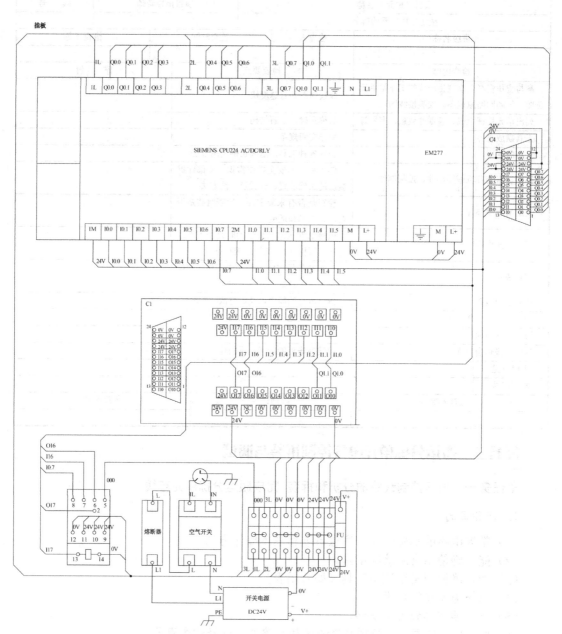

图4-19 搬运分拣单元接线图

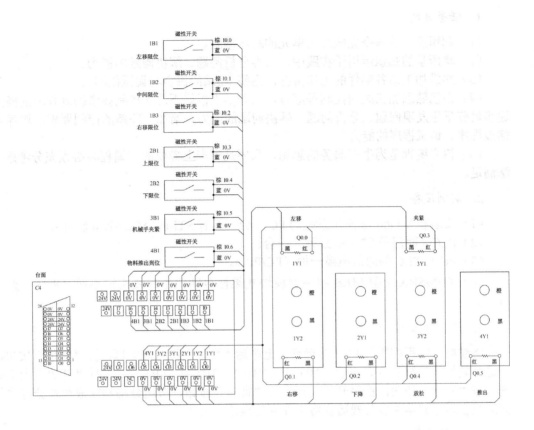

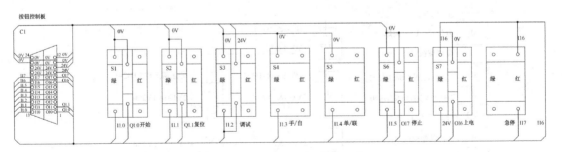

图4-19 搬运分拣单元接线图（续）

子任务二　搬运分拣单元编程

1. 任务目的

（1）利用所学的指令完成加工单元的程序编制。

（2）将所学的知识运用于实践中，培养分析问题、解决问题的能力。

（3）熟悉加工站各部件的工作情况，为整个8站的拼合与调试做准备。

（4）在已熟悉加工站的控制程序时，培养学生根据不同的控制要求编制程序的能力，逐步培养学生发现问题、分析问题、解决问题的能力。增加一些新的控制要求，培养学生修改程序、调试程序的能力。

（5）树立编程是为生产服务的思想，只要是生产上需要的，编程时必须充分考虑，设法满足。

2. 实训设备

（1）安装有 Windows 操作系统的 PC 一台（具有 STEP 7 MicroWin 软件）。

（2）PLC（西门子 S7-200 系列）一台。

（3）PC 与 PLC 的通信电缆一根（PC/PPI）。

（4）THMSRX-3 型 MES 网络型模块式柔性自动化生产线实训系统（8 站）搬运分拣单元。

3. 任务内容

将编制好的程序送入 PLC 并运行。上电后"复位"指示灯闪烁，按"复位"按钮，气缸进行复位，气缸复位完成后，1B1=1、2B1=1、3B1=0、4B1=1，此时"开始"指示灯闪烁；按"开始"按钮，程序开始运行。按"调试"按钮，搬运分拣站完成废料分拣并将其搬运至废料存储器中以及搬运合格工件到传送站。

4. 工艺流程

新建一个程序，根据上述控制要求和图 4-20，编写出相应的程序，并运行通过。

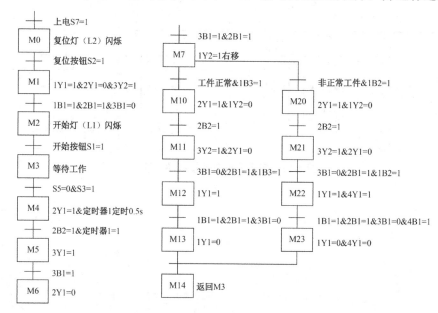

图 4-20　搬运分拣单元顺序功能图

5. 搬运分拣单元电气控制拆装任务书

见表 4-8 至表 4-11。

表 4-8　培训项目（单元）培养目标

项目（单元）任务单		项目（单元）名称		项目执行人	编　号
		搬运分拣单元电气控制拆装			
班级名称		开始时间		结束时间	总学时
班级人数					180 分钟
项目（单元）培养内容					
模块	序号	内　　容			
知识目标	1	掌握 PLC 软件及基本指令的应用			
	2	掌握自动生产线控制程序的编写方法			
	3	掌握 PLC 控制系统的总体构建方法			
能力目标	1	知道 PLC 在自动生产线中的应用			
	2	能进行 PLC 电气系统图的识图、绘制，以及硬件电路接线			
	3	会进行自动生产线 PLC 控制程序的编写及调试			
	4	能解决编程过程中遇到的实际问题			
	5	能锻炼学生的自我学习能力和创新能力			
执行人签名		教师签名			教学组长签名

表 4-9　培训项目（单元）执行进度单

项目（单元）执行进度单		项目（单元）名称		项目执行人	编　号
		搬运分拣单元电气控制拆装			
班级名称		开始时间		结束时间	总学时
班级人数					180 分钟
项目（单元）执行进度					
序号	内　　容		方式		时间分配
1	根据实际情况调整小组成员，布置实训任务		教师安排		5 分钟
2	小组讨论，查找资料，根据生产线的工作站单元硬件连线图、软件控制电路原理图列出单元控制部分组成、各元件数量、型号等		学员为主，教师点评		10 分钟
3	根据 I/O 分配及硬件连线图，完成 PLC 的外部线路连接		学员为主，教师点评		10 分钟
4	根据控制要求及 I/O 分配，对 PLC 进行编程		学员为主，教师指导		45 分钟
5	检查硬件线路并对出现的故障进行排除		学员为主，互相检查		45 分钟
6	画出程序流程图或顺序功能图并记录，以备调试程序时参考		学员为主，教师指导		20 分钟
7	检查程序，并根据出现的问题对程序做出调整，直到满足控制要求为止		学员为主，教师指导		15 分钟
8	实训过程中，在教师指导下，解决碰到的问题，并鼓励学生互相讨论，自己解决		学员为主，教师引导		10 分钟
9	小组成员交叉检查并填写实习实训项目（单元）检查单		学员为主		10 分钟
10	教师给学员评分		教师评定		10 分钟
执行人签名		教师签名			教学组长签名

表4-10　培训项目（单元）设备、工具准备单

项目（单元）设备、工具准备单	项目（单元）名称		项目执行人	编号
	搬运分拣单元电气控制拆装			
班级名称	开始时间		结束时间	
班级人数				
项目（单元）设备、工具				
类型	序号	名称	型号	台（套）数	备注
设备	1	自动生产线实训装置	THMSRX-3型	3套	每个工作站安排2人（实验室提供）
工具	1	数字万用表	9205	1块	实训场备
	2	十字螺丝刀	8、4寸	2把	
	3	一字螺丝刀	8、4寸	2把	
	4	锤子		1把	
	5	尖嘴钳	6寸	1把	
	6	扳手			
	7	内六角扳手		1套	
执行人签名	教师签名		教学组长签名	

备注：所有工具按工位分配。

表4-11　培训项目（单元）检查单

项目（单元）名称	项目指导老师	编　号	
搬运分拣单元电气控制拆装			
班级名称	检查人	检查时间	检查评等
检查内容	检查要点	评　价	
参与查找资料，掌握生产线的工作站单元硬件连线图、I/O分配原理图、程序流程图	能读懂图并且速度快		
列出单元PLC的I/O分配、各元件数量、型号等	名称正确，和实际的一一对应		
工具摆放整齐	操作文明规范		
万用表等工具的使用	识别各种工具，掌握正确使用方法		
传感器等控制部件的正确安装	熟悉和掌握安全操作常识，以及器件安装后的正确放置、连线及测试方法		
装配所有器件后，通电联调	检查是否能正确动作，对出现的故障能否排除		
调试程序时的操作顺序	是否有程序流程图，调试是否有记录以及故障的排除		
调试成功	工作站各部分能正确完成工作，运行良好		
硬件及软件出现故障	排除故障的能力以及对待故障的态度		
与小组成员合作情况	能否与其他同学和睦相处，团结互助		
遵守纪律方面	按时上、下课，中途不溜岗		
地面、操作台干净	接线完毕后能清理现场的垃圾		
小组意见			
教师审核			
被检查人签名	教师评等	教师签名	

任务三　搬运分拣单元的调试及故障排除

在机械拆装以及电气控制电路的拆装过程中，应进一步了解掌握设备调试的方法、技巧及注意点，培养严谨的作风，做到以下几点。

1）所用工具的摆放位置正确，使用方法得当。

2）注意所用各部分器件的好坏及归零。

3）注意各机械设备的配合动作及电动机的平衡运行。

4）电气控制电路的拆装过程中，必须认真检查线路的连接。重点检查电源线的走向。

5）在程序下载前，必须认真检查。重点检查各个执行机构之间是否会发生冲突，如有冲突，应立即停下，认真分析原因（机械、电气、程序等）并及时排除故障，以免损坏设备。

6）总结经验，把调试过程中遇到的问题、解决的方法记录于表4-12。

表4-12　调试运行记录表

观察项目／结果／观察步骤	摆台	无杆气缸	薄形气缸	气动手指	推料气缸	磁性传感器	废料存储器	工业导轨	PLC	单元动作
各机械设备的动作配合										
各电气设备是否正常工作										
电气控制线路的检查										
程序能否正常下载										
单元是否按程序正常运行										
故障现象										
解决方法										

表4-13用于评分。

表4-13　总评分表

班级　　第　组		评分标准	学生自评	教师评分	备注
评分内容	配分				
搬运分拣单元	工作计划 材料清单 气路图 电路图 接线图 程序清单　12	没有工作计划扣2分；没有材料清单扣2分；气路图绘制有错误的扣2分；主电路绘制有错误的，每处扣1分；电路图符号不规范，每处扣1分			
	零件故障和排除　10	摆台、无杆气缸、薄形气缸、气动手指、推料气缸、磁性传感器、废料存储器、工业导轨、开关电源、可编程序控制器、按钮、I/O接口板、通信接口板、电气网孔板、直流减速电动机、电磁阀及气缸等零件没有测试以确认好坏并予以维修或更换，每处扣1分			
	机械故障和排除　10	错误调试导致摆台及无杆气缸不能运行，扣6分			
		工业导轨调整不正确，每处扣1.5分			
		气缸调整不恰当，扣1分			
		有紧固件松动现象，每处扣0.5分			

班级　　　第　　组		配分	评分标准	学生自评	教师评分	备注
评分内容						
搬运分拣单元	气路连接故障和排除	10	气路连接未完成或有错，每处扣 2 分			
			气路连接有漏气现象，每处扣 1 分			
			气缸节流阀调整不当，每处扣 1 分			
			气管没有绑扎或气路连接凌乱，扣 2 分			
	电路连接故障和排除	20	不能实现要求的功能、可能造成设备或元件损坏，1 分/处，最多扣 4 分			
			没有必要的限位保护、接地保护等，每处扣 1 分，最多扣 3 分			
			必要的限位保护未接线或接线错误扣 1.5 分			
			端子连接、插针压接不牢或超过 2 根导线，每处扣 0.5 分；端子连接处没有线号，每处扣 0.5 分，两项最多扣 3 分；电路接线没有绑扎或电路接线凌乱，扣 1.5 分			
	程序的故障和排除	20	按钮不能正常工作，扣 1.5 分			
			上电后不能正常复位，扣 1 分			
			参数设置不对，不能正常和 PLC 通信，扣 1 分			
			指示灯亮灭状态不满足控制要求，每处扣 0.5 分			
单元正常运行工作	初始状态检查和复位，系统正常停止	8	运行过程缺少初始状态检查，扣 1.5 分；初始状态检查项目不全，每项扣 0.5 分；系统不能正常运行扣 2 分，系统停止后，不能再启动扣 0.5 分			
职业素养与安全意识		10	现场操作安全保护符合安全操作规程；工具摆放、包装物品、导线线头等的处理符合职业岗位的要求；团队有分工有合作，配合紧密；遵守纪律，尊重工作人员，爱惜设备和器材，保持工位的整洁			
总计		100				

4.4　重点知识、技能归纳

（1）各种类型的自动生产线上所使用的传感器种类繁多，很多时候自动生产线不能正常工作的原因是因为传感器安装调试不到位，因而在机械部分安装完毕后进行电气调试时，第一步就是进行传感器的安装与调试。

（2）自动生产线上常用的传感器有接近开关、位置测量传感器、流量测量传感器、温度检测传感器、湿度检测传感器、成分检测传感器、图像检测传感器等许多类型，有兴趣的读者可参阅相关书籍。

（3）各种传感器的使用场合与要求不同，检测距离、安装方式、输出口电气特性不同，这需要在安装调试中结合执行机构、控制器等综合考虑。

（4）通过训练熟悉搬运分拣单元的结构与功能，熟练掌握传感器技术、机械手（横臂）技术、PLC控制技术及编程，并将这些技术融会贯通。

4.5　工程素质培养

（1）查阅MES网络型自动线中涉及的传感器产品手册，说明每种传感器的特点，你明白了本自动生产线为何选择这些传感器吗？你想如何选择？安装中有哪些注意事项？

（2）了解当前国内、国际上的主要分拣设备生产厂家以及当前搬运控制技术的进展、应用领域与行业。

（3）了解当前国内、国际上的主要传感器生产厂家以及当前传感器技术的进展、应用领域与行业。

（4）认真执行培训项目（单元）执行进度记录，归纳搬运分拣单元安装调试中的故障原因及排除故障的思路。

（5）在机械拆装以及电气动控制电路的拆装过程中，进一步掌握传感器安装、调试的方法和技巧，组织小组讨论和各小组之间的交流。

项目五　传送分拣单元

5.1　传送分拣单元项目引入

1. 主要组成与功能

传送分拣单元由直线皮质传送带、分拣料槽、旋转气缸、变频器、三相交流减速电动机、光电传感器、光纤传感器、颜色传感器、电磁阀、开关电源、按钮、I/O 接口板、通信接口板、电气网孔板等组成，见图 5-1，可将材料颜色不合格的工件分拣出来，同时将合格产品传送至下一站。

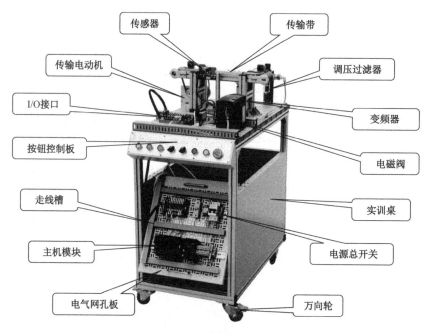

图 5-1　传送分拣单元总图

（1）传送带：将物料输送到相应的位置。

（2）分拣料槽：将材料颜色不合格的工件分拣出来。

（3）旋转气缸：将物料导入料槽，由单向电控气阀控制。

（4）变频器：控制交流电动机，实现变频调速。

（5）三相交流减速电动机：驱动传送带转动，由变频器控制。

（6）光电传感器：当有物料放入时，给 PLC 一个输入信号（接线注意棕色接"+"、蓝色接"−"、黑色接输出）。

（7）光电传感器：检测上一单元的物料。

（8）光纤传感器：物料经过时检测物料的颜色。

（9）颜色传感器：物料经过时检测物料的颜色。

2．主要技术指标

控制电源：直流 24V/4.5A。

PLC 控制器：西门子。

变频器：MM420 功率：0.37kW。

三相交流减速电动机：41K25GN-S3/4GN10K。

电磁阀：4V110-06。

调速阀：出气节流式。

磁性开关：D-A93L。

气缸：MSQB10R。

光电传感器：SB03-1K。

光纤传感器：E3X-NA11，E32-DC200。

色标传感器：KT3W-N1116。

3．工艺流程

到料检测传感器检测到搬运分拣站搬运到位后，传动带启动，输送工件，同时在工件输送过程中，颜色传感器对工件颜色进行检测，如检测到红色工件，气缸动作将其推入料槽中；检测到工件为黑色或白色时，传动带输送工件直到终点区，同时光电传感器检测到位信号，传动带输送装置停止，等待下一单元搬运。

5.2　传送分拣单元项目准备

任务一　知识准备——变频器的使用

1．基本操作面板功能说明

MM 系列变频器的外观见图 5-2，面板见图 5-3，面板按钮功能见表 5-1。

图 5-2　MM 系列变频器

图 5-3　变频器操作面板

表 5-1　面板按钮功能表

显示/按钮	功能	功能的说明
r 0000	状态显示	LCD 显示变频器当前的设定值
I	启动变频器	按此键启动变频器。运行时此键默认是被封锁的。为了使此键起作用应设定 P0700=1
0	停止变频器	OFF1：按此键，变频器将按选定的斜坡下降速率减速停车。运行时此键默认被封锁；为了允许此键操作，应设定 P0700=1。 OFF2：按此键两次（或一次，但时间较长）电动机将在惯性作用下自由停车。此功能总是"使能"的
（改变方向图标）	改变电动机的转动方向	按此键可以改变电动机的转动方向。电动机的反向用负号（－）表示或用闪烁的小数点表示。运行时此键默认是被封锁的，为了使此键的操作有效，应设定 P0700=1
jog	电动机点动	在变频器无输出的情况下按此键，将使电动机启动，并按预设定的点动频率运行。释放此键时，变频器停车。如果变频器/电动机正在运行，按此键将不起作用
Fn	功能	此键用于浏览辅助信息。 变频器运行过程中，在显示任何一个参数时按下此键并保持不动 2 秒钟，将显示以下参数值（在变频器运行中，从任何一个参数开始）： 1）直流回路电压（用 d 表示– 单位：V）。 2）输出电流（A）。 3）输出频率（Hz）。 4）输出电压（用 o 表示– 单位：V）。 5）由 P0005 选定的数值，如果 P0005 选择显示上述参数中的任何一个（3，4 或 5），这里将不再显示。 连续多次按下此键，将轮流显示以上参数。 跳转功能：在显示任何一个参数（r××××或 P××××）时短时间按下此键，将立即跳转到 r0000。如果需要的话，可以接着修改其他参数。跳转到 r0000 后，按此键将返回原来的显示点
P	访问参数	按此键即可访问参数
（向上箭头）	增加数值	按此键即可增加面板上显示的参数数值
（向下箭头）	减少数值	按此键即可减少面板上显示的参数数值

2. 端子接线操作说明

端子接线操作说明见图 5-4，各端子的功能见表 5-2。

表5-2　端子的功能

端子号	端子功能	相关参数
1	频率设定电源（+10V）	
2	频率设定电源（0V）	
3	模拟信号输入端 AIN+	P0700
4	模拟信号输入端 AIN–	P0700
5	多功能数字输入端 DIN1	P0701
6	多功能数字输入端 DIN2	P0702
7	多功能数字输入端 DIN3	P0703
8	多功能数字电源+24V	
9	多功能数字电源 0V	
10	输出继电器 RL1B	P0731
11	输出继电器 RL1C	P0731
12	模拟输出 AOUT+	P0771
13	模拟输出 AOUT–	P0771
14	RS485 串行链路 P+	P0004
15	RS485 串行链路 N–	P0004

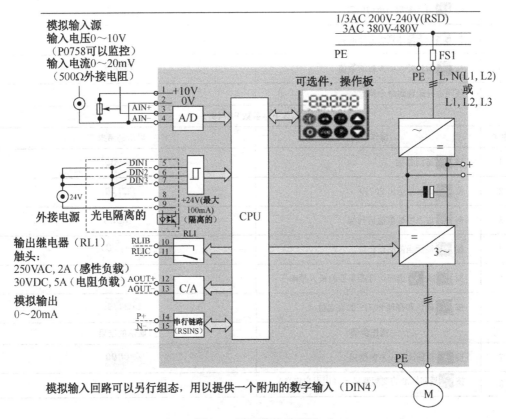

模拟输入回路可以另行组态，用以提供一个附加的数字输入（DIN4）

图5-4　端子接线说明图

3. 参数设置方法

运行时（基本运行）为了快速修改参数的数值，可以单独修改显示出的每个数字，操作步骤如下。

（1）确信已处于某一参数数值的访问级。

（2）按 Ⓕ（功能键），最右边的一个数字闪烁。

（3）按 Ⓐ/Ⓥ，修改数值。

（4）再按 Ⓕ（功能键），相邻的下一位数字闪烁。

（5）执行前述 2 至 4 步，直到显示出所要求的数值。

（6）按 Ⓟ，退出参数数值的访问级。

表 5-3 以 P0004 及 P0719 为例说明如何改变参数的数值。按照这个方法，可以用"BOP"设定任何一个参数。

表 5-3   改变参数步骤

修改下标参数 P0004		
序号	操作步骤	显示的结果
1	按 ▓ 访问参数	r0000
2	按 ▓ 直到显示出 P0004	P0004
3	按 ▓ 进入参数数值访问级	0
4	按 ▓ 或 ▓ 达到所需要的数值	3
5	按 ▓ 确认并存储参数的数值	P0004
6	使用者只能看到命令参数	
修改下标参数 P0719		
序号	操作步骤	显示的结果
1	按 ▓ 访问参数	r0000
2	按 ▓ 直到显示出 P0719	P0719
3	按 ▓ 进入参数数值访问级	in000
4	按 ▓ 显示当前的设定值	0
5	按 ▓ 或 ▓ 选择运行所需要的最大频率	12
6	按 ▓ 确认和存储 P0719 的设定值	P0719
序号	操作步骤	显示的结果
7	按 ▓ 直到显示出右侧结果	r0000
8	按 ▓ 返回标准的变频器显示（由用户定义）	

提示：功能键也可以用于确认故障的发生。

注意：修改参数的数值时，BOP 有时会显示 P----，这说明变频器正忙于处理优先级更高的任务。

子任务一　实际动手做一做：变频器控制电动机正、反转

1. 任务目的

（1）了解变频器外部控制端子的功能，掌握外部运行模式下变频器的操作方法。

（2）熟悉使用变频器外部端子控制电动机正、反转的操作方法。

（3）熟悉变频器外部端子的不同功能及使用方法。

2. 实训设备

（1）THMSRX-3 型 MES 网络型模块式柔性自动化生产线实训系统（8 站）传送分拣单元。

（2）K1、K2、K3 用实训台上的控制按钮代替，同时学校也可根据需要自备按钮开关。

3. 实训内容

（1）正确设置变频器输出的额定频率、额定电压、额定电流、额定功率、额定转速。

（2）通过外部端子控制电动机启动/停止、正/反转，打开 K1、K3 电动机正转，打开 K2 电动机反转，关闭 K2 电动机正转；在正/反转的同时，关闭 K3，电动机停止。

（3）运用操作面板改变电动机运行频率和加/减速时间。

（4）参数功能见表 5-4，接线图见图 5-5。设定电动机参数时先设定 P0003=2（允许访问扩展参数）以及 P0010=1（快速调试），电动机参数设置完成后设定 P0010=0（准备）。

表 5-4　参数功能表

序号	变频器参数	出厂值	设定值	功能说明
1	P0304	230	380	电动机的额定电压（380V）
2	P0305	3.25	0.35	电动机的额定电流（0.35A）
3	P0307	0.75	0.025	电动机的额定功率（25W）
4	P0310	50.00	50.00	电动机的额定频率（50Hz）
5	P0311	0	1300	电动机的额定转速（1300 r/min）
6	P0700	2	2	选择命令源（由端子排输入）
7	P1000	2	1	用操作面板（BOP）控制频率的升降
8	P1080	0	0	电动机的最小频率（0Hz）
9	P1082	50	50.00	电动机的最大频率（50Hz）
10	P1120	10	10	斜坡上升时间（10s）
11	P1121	10	10	斜坡下降时间（10s）
12	P0701	1	1	ON/OFF（接通正转/停车命令1）
13	P0702	12	12	反转
14	P0703	9	4	OFF3（停车命令3）按斜坡函数曲线快速降速停车

注：设置参数前先将变频器参数复位为出厂的默认设定值

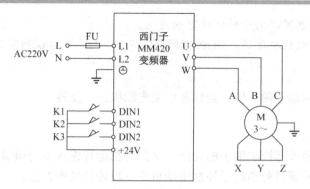

图 5-5　变频器外部接线图

4. 任务步骤

（1）检查实训设备中器材是否齐全。

（2）按照变频器外部接线图完成变频器的接线，认真检查，确保正确无误。

（3）打开电源开关，按照参数功能表正确设置变频器参数。

（4）打开开关 K1、K3，观察并记录电动机的运转情况。

（5）按下操作面板按钮![btn]，增加变频器输出频率。

（6）打开开关 K1、K2、K3，观察并记录电动机的运转情况。

（7）关闭开关 K3，观察并记录电动机的运转情况。

（8）改变 P1120、P1121 的值，重复上述步骤 4~7，观察电动机运转状态有什么变化。

子任务二　基于 PLC 的变频器外部端子的电动机正、反转控制

1. 任务目的

了解 PLC 控制变频器外部端子的方法。

2. 实训设备

（1）PC 与 PLC 的通信电缆一根（PC/PPI）。

（2）THMSRX-3 型 MES 网络型模块式柔性自动化生产线实训系统（8 站）传输分拣单元。

（3）S1、S2、S3 用实训台上的控制按钮代替，同时学校也可根据需要自备按钮开关。

3. 控制要求

（1）正确设置变频器输出的额定频率、额定电压、额定电流、额定功率、额定转速。

（2）通过外部端子控制电动机启动/停止、正/反转，按下按钮 S1 电动机正转启动，按下按钮 S3 电动机停止，**待电动机停止运转**，按下按钮 S2 电动机反转。

（3）运用操作面板改变电动机运行频率和加/减速时间。

参数功能如表 5-5 所示，接线如图 5-6 所示。设定电动机参数时先设定 P0003=2（允许访问扩展参数）、P0010=1（快速调试），电动机参数设置完成后，设定 P0010=0（准备）。

表 5-5 参数功能表

序号	变频器参数	出 厂 值	设 定 值	功 能 说 明
1	P0304	230	380	电动机的额定电压（380V）
2	P0305	3.25	0.35	电动机的额定电流（0.35A）
3	P0307	0.75	0.025	电动机的额定功率（25W）
4	P0310	50.00	50.00	电动机的额定频率（50Hz）
5	P0311	0	1300	电动机的额定转速（1300r/min）
6	P0700	2	2	选择命令源（由端子排输入）
7	P1000	2	1	用操作面板（BOP）控制频率的升降
8	P1080	0	0	电动机的最小频率（0Hz）
9	P1082	50	50.00	电动机的最大频率（50Hz）
10	P1120	10	10	斜坡上升时间（10s）
11	P1121	10	10	斜坡下降时间（10s）
12	P0701	1	1	ON/OFF（接通正转/停车命令1）
13	P0702	12	12	反转
14	P0703	9	4	OFF3（停车命令3）按斜坡函数曲线快速降速停车

注：设置参数前先将变频器参数复位为出厂的默认设定值

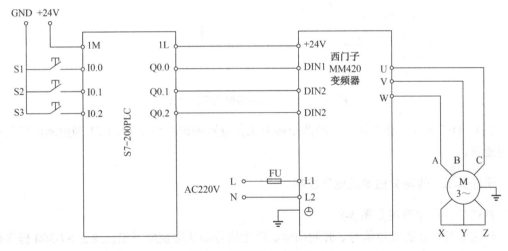

图 5-6 变频器外部接线图

4. 任务步骤

（1）检查实训设备中器材是否齐全。

（2）按照变频器外部接线图 5-7 完成变频器的接线，认真检查，确保正确无误。

（3）打开电源开关，按照参数功能表正确设置变频器参数。

（4）打开示例程序或用户自己编写的控制程序，进行编译，有错误时根据提示信息修改，直至无误，用 PC/PPI 通信编程电缆连接计算机串口与 PLC 通信口，打开 PLC 主机电源开关，下载程序至 PLC 中，下载完毕后将 PLC 的"RUN/STOP"开关拨至"RUN"状态。

（5）按下按钮 S1，观察并记录电动机的运转情况。

（6）按下操作面板按钮 **◯**，增加变频器输出频率。

（7）按下按钮 S3，**等电动机停止运转后**，按下按钮 S2，电动机反转。

任务二　技能准备

子任务一　传送分拣单元气动控制

气动控制系统是本工作单元的执行机构，该执行机构的逻辑控制功能是由PLC实现的。气动控制回路的工作原理见图5-7。

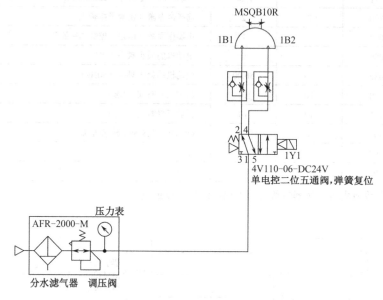

图 5-7　气动控制回路的工作原理图

1B1、1B2为安装在旋转气缸的两个极限工作位置的磁性传感器。1Y1为控制旋转气缸的电磁阀。

子任务二　传送分拣单元电气控制

PLC的控制原理图见图5-8。

传送分拣单元的复位信号、开始信号、停止信号均从触摸屏发出，经过S7-300程序处理后，向各单元发送控制要求，以实现各站的复位、开始、停止等操作。各从站在运行过程中的状态信号应存储到该单元PLC规划好的数据缓冲区，以实现整个系统的协调运行。如表5-6所示为网络读/写数据规划表。

通常的安装过程（通信电缆为标准的PROFIBUS-DP电缆）如下。

（1）将PLC控制板装入各站小车内。

（2）将控制面板接头插入C1的插槽内。

（3）将PLC控制板上接头C4插入执行部分接线端子的C4插槽内。

（4）使用联机模式时，用通信电缆将各站的EM277模块连接起来。

（5）将控制面板上的两个二位旋转开关分别旋至自动和联网状态。

注意！任何一处DP接头连接之前，必须关掉电源。

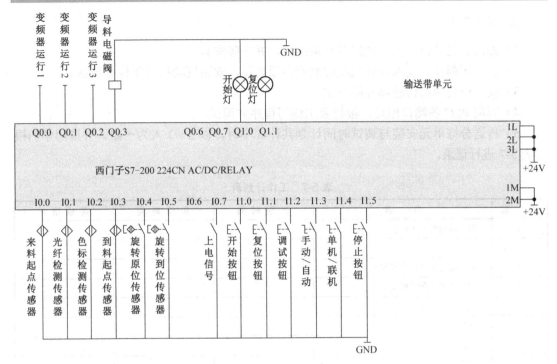

图 5-8　PLC 的控制原理图

表 5-6　网络读/写数据规划表

序号	系统输入网络向 MES 发送数据	S7-200 从站数据 从站 1（输送带）	主站对应数据（S7-300）	功能
1	上电 I0.7	V10.7	I112.7	传送分拣单元实际的 PLC 的 I/O 分配缓冲区以及该单元的数据缓冲区要和 S7-300 主站硬件组态时的数据缓冲区相对应
2	开始 I1.0	V11.0	I113.0	
3	复位 I1.1	V11.1	I113.1	
4	调试 I1.2	V11.2	I113.2	
5	手动 I1.3	V11.3	I113.3	
6	联机 I1.4	V11.4	I113.4	
7	停止 I1.5	V11.5	I113.5	
8	开始灯 Q1.0	V13.0	I115.0	
9	复位灯 Q1.1	V13.1	I115.1	
10	已经加工	VW8	IW110	

5.3　传送分拣单元项目实施——传送分拣站技能训练

1. 训练目的

按照传送分拣单元工艺要求，先按计划进行机械安装与调试，再设计和完成电路的连接，并设计好调试程序和自动连续运行程序。

2. 训练要求

1）熟悉传送分拣单元的功能及结构组成，并正确安装。

2）能够根据控制要求设计气动控制回路原理图，安装气动执行器件并调试。

3）安装所使用的传感器并能调试。

4）查明 PLC 各端口地址，根据要求编写程序并调试。

5）传送分拣单元安装与调试时间计划共计 6 小时，以 2～3 人为一组，并请同学们根据表 5-7 进行记录。

表 5-7　工作计划表

步　骤	内　容	计 划 时 间	实 际 时 间	完 成 情 况
1	整个练习的工作计划			
2	安装计划			
3	线路描述和项目执行图纸			
4	写材料清单和领料及工具			
5	机械部分安装			
6	传感器安装			
7	气路安装			
8	电路安装			
9	连接各部分器件			
10	各部分及程序调试			
11	故障排除			

请同学们仔细查看器件，根据所选系统及具体情况填写表 5-8。

表 5-8　传送分拣单元材料清单

序　号	代　号	物 品 名 称	规　格	数　量	备注（产地）
1		直线传动带输送线			
2		分拣料槽			
3		旋转气缸			
4		变频器			
5		三相交流减速电动机			
6		光电传感器			
7		光纤传感器、颜色传感器			
8		开关电源			
9		可编程序控制器			
10		按钮			
11		I/O 接口板			
12		通信接口板			
13		电气网孔板			
14		电磁阀组			

任务一　传送分拣单元机械拆装与调试

1．任务目的

（1）锻炼和培养学生的动手能力。

（2）加深对各类机械部件的了解，掌握其机械结构。

（3）巩固和加强机械制图课程的理论知识，为机械设计及其他专业课等后续课程的学习奠定必要的基础。

（4）掌握机械总成、各零部件及其相互间的连接关系、拆装方法和步骤及注意事项。

（5）锻炼动手能力，学习拆装方法和正确地使用常用机、工、量具和专门工具。

（6）熟悉和掌握安全操作常识，掌握零部件拆装后的正确放置、分类及清洗方法，培养文明生产的良好习惯。

（7）通过计算机制图，绘制单个零部件图。

2．实训内容

（1）识别各种工具，掌握正确使用方法。

（2）拆卸、组装各机械零部件、控制部件，如气缸、电动机、转盘、过滤器、PLC、开关电源、按钮等。

（3）装配所有零部件（装配到位，密封良好，转动自如）。

注意：在拆卸零件的过程中整体的零件不允许破坏性拆开，如气缸，丝杆副等。

3．实训装置

（1）台面：直线传动带输送机构、分拣料槽、旋转气缸、变频器。

（2）网孔板：PLC控制机构、供电机构。

（3）各种拆装工具。

4．拆装要求

具体拆卸与组装，**先外部后内部，先部件后零件**，按装配工艺顺序进行，拆卸的零件按顺序摆放，进行必要的记录、擦洗和清理。装配时按顺序进行，要一次安装到位。每个学生都要动手。

注意：先拆的后装、后拆的先装。

5．工艺流程

1）拆卸

工作台面：

（1）准备各种拆卸工具，熟悉工具的正确使用方法。

（2）了解所拆卸的机器主要结构，分析和确定主要拆卸内容。

（3）端盖、压盖、外壳类拆卸；接管、支架、辅助件拆卸。

（4）主轴、轴承拆卸。

（5）内部辅助件及其他零部件拆卸、清洗。

（6）各零部件分类、清洗、记录等。

网孔板：

（1）准备各种拆卸工具，熟悉工具的正确使用方法。

（2）了解所拆卸的器件主要分布，分析和确定主要拆卸内容。

（3）主机 PLC、空气开关、熔断丝座、I/O 接口板、转接端子及端盖、开关电源及导轨的拆卸。

（4）注意各元器件分类、元器件的分布结构、记录等。

2）组装

（1）理清组装顺序，先组装内部零部件，组装主轴及轴承。

（2）组装轴承固定环、上料地板等工作部件。

（3）组装内部件与壳体。

（4）组装压盖、接管及各辅助部件等。

（5）检查是否有未装零件，检查组装是否合理、正确和适度。

（6）具体组装可参考示意图 5-9。

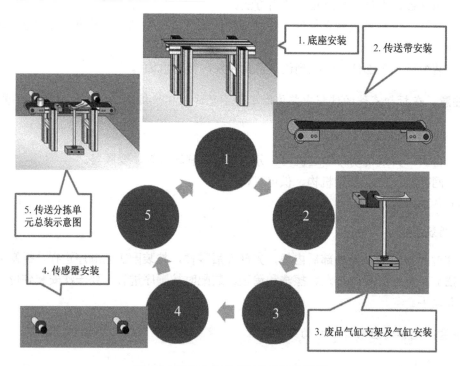

图 5-9　传送分拣单元拆装流程示意图

6. 传送分拣单元机械拆装任务书

见表 5-9 至表 5-12。

表5-9 培训项目（单元）培养目标

项目（单元）任务单		项目（单元）名称		项目执行人	编号
		传送分拣单元的拆装			
班级名称		开始时间		结束时间	总学时
班级人数					180分钟
项目（单元）培养内容					
模块	序号	内　容			
知识目标	1	锻炼和培养学生的动手能力			
	2	掌握机械总成、各零部件及其相互间的连接关系、拆装方法和步骤及注意事项			
	3	学习拆装方法和正确地使用常用机、工、量具和专门工具			
能力目标	1	识别各种工具，掌握正确使用方法			
	2	掌握拆卸、组装各机械零部件、控制部件的方法，如气缸、电动机、转盘、过滤器、电磁阀等			
	3	熟悉和掌握安全操作常识，掌握零部件拆装后的正确放置、分类及清洗方法，培养文明生产的良好习惯			
	4	能强化学生的安全操作意识			
	5	能锻炼学生的自我学习能力和创新能力			
执行人签名		教师签名		教学组长签名	

表5-10 培训项目（单元）执行进度单

项目（单元）执行进度单		项目（单元）名称		项目执行人	编　号
		传送分拣单元的拆装			
班级名称		开始时间		结束时间	总学时
班级人数					180分钟
项目（单元）执行进度					
序　号	内　容		方　式		时间分配
1	根据实际情况调整小组成员，布置实训任务		教师安排		5分钟
2	小组讨论，查找资料，根据生产线的工作站单元总图、气动回路原理图、安装接线图列出单元机械组成、各零件数量、型号等		学员为主，教师点评		20分钟
3	准备各种拆卸工具，熟悉工具的正确使用方法		器材管理员讲解		10分钟
4	了解所拆卸的机器主要结构，分析和确定主要拆卸内容		学员为主，教师指导		10分钟
5	端盖、压盖、外壳类拆卸；接管、支架、辅助件拆卸；主轴、轴承拆卸；内部辅助件及其他零部件的拆卸、清洗		学员为主，教师指导		45分钟
6	参考总图，理清组装顺序，先组装内部零部件，组装主轴及轴承。检查是否有未装零件，检查组装是否合理、正确和适度		学员为主，互相检查		45分钟
7	拆装过程中，做好各零部件分类、清洗、记录等		学员为主，教师指导		15分钟
8	组装过程中，在教师指导下，解决碰到的问题，并鼓励学生互相讨论，自己解决		学员为主，教师引导		10分钟
9	小组成员交叉检查并填写实习实训项目（单元）检查单		学员为主		10分钟
10	教师给学员评分		教师评定		10分钟
执行人签名		教师签名		教学组长签名	

表 5-11 培训项目（单元）设备、工具准备单

项目（单元）设备、工具准备单		项目（单元）名称	项目执行人		编　号
		传送分拣单元的拆装			
班级名称		开始时间	结束时间		
班级人数					
项目（单元）设备、工具					
类型	序号	名称	型号	台（套）数	备注
设备	1	自动生产线实训装置	THMSRX-3 型	3 套	每个工作站安排 2 人（实验室提供）
工具	1	数字万用表	9205	1 块	实训场备
	2	十字螺丝刀	8、4 寸	2 把	
	3	一字螺丝刀	8、4 寸	2 把	
	4	镊子		1 把	
	5	尖嘴钳	6 寸	1 把	
	6	扳手			
	7	内六角扳手		1 套	
执行人签名		教师签名	教学组长签名		

备注：所有工具按工位分配。

表 5-12 培训项目（单元）检查单

项目（单元）名称	项目指导老师		编号
传送分拣单元的拆装			
班级名称	检查人	检查时间	检查评等
检查内容	检查要点		评　价
参与查找资料，掌握生产线的工作站单元总图、气动回路原理图、安装接线图	能读懂图并且速度快		
列出单元机械组成、各零件数量、型号等	名称正确，了解结构		
工具摆放整齐	操作文明规范		
工具的使用	识别各种工具，掌握正确使用方法		
拆卸、组装各机械零部件、控制部件	熟悉和掌握安全操作常识，掌握零部件拆装后的正确放置、分类及清洗方法		
装配所有零部件	检查是否有未装零件，检查组装是否合理、正确和适度		
调试时操作顺序	机械部件状态（如运动时是否干涉，连接是否松动），气管连接状态		
调试成功	工作站各部分能正确完成工作（装配到位，密封良好，转动自如）		
拆装出现故障	排除故障的能力以及对待故障的态度		
与小组成员合作情况	能否与其他同学和睦相处，团结互助		
遵守纪律方面	按时上、下课，中途不溜岗		
地面、操作台干净	接线完毕后能清理现场的垃圾		
小组意见			
教师审核			
被检查人签名	教师评等		教师签名

任务二　传送分拣单元电气控制拆装与调试

子任务一　电气控制线路的分析和拆装 完成传送分拣单元布线

1. 任务目的

（1）掌握电路的基础知识、注意事项和基本操作方法。
（2）能正确使用常用接线工具。
（3）能正确使用常用测量工具（如万用表）。
（4）掌握电路布线技术。
（5）能安装和维修各个电路。
（6）掌握 PLC 外围直流控制及交流负载线路的接法及注意事项。

2. 实训设备

THMSRX-3 型 MES 网络型模块式柔性自动化生产线实训系统（8 站）传送分拣单元。

3. 任务内容

（1）根据原理图、气动原理图绘制接线图，可参考实训台上的接线。
（2）按绘制好的接线图，研究走线方法，并进行板前明线布线和套编码管。
（3）根据绘制好的接线图完成实训台台面、网孔板的接线，按图 5-10 检测电路，经教师检查后，通电可进行下一步工作。

子任务二　传送分拣单元编程

1. 任务目的

（1）利用所学的指令完成传输分拣单元的程序编制。
（2）将所学的知识运用于实践中，培养分析问题、解决问题的能力。
（3）培养学生根据不同的控制要求编制程序的能力，逐步培养学生发现问题、分析问题、解决问题的能力。
（4）进一步熟悉传输分拣单元各部件的工作情况，为整个 8 站的拼合与调试做准备。

2. 实训设备

（1）PC 与 PLC 的通信电缆一根（PC/PPI）。
（2）THMSRX-3 型 MES 网络型模块式柔性自动化生产线实训系统（8 站）传输分拣单元。

3. 工艺流程

将编制好的程序送入 PLC 并运行。上电后"复位"指示灯闪烁，按"复位"按钮，气缸进行复位，气缸复位完成后，1B1=1，此时"开始"指示灯闪烁；按"开始"按钮，程序开始运行。按"调试"按钮。传输分拣单元将工件搬运至传输带，光电开关得到信号，变频器启动，传输带进行工件的输送，物料经过光纤传感器、色标传感器的检测并将其输送至废料存储器或传送站。

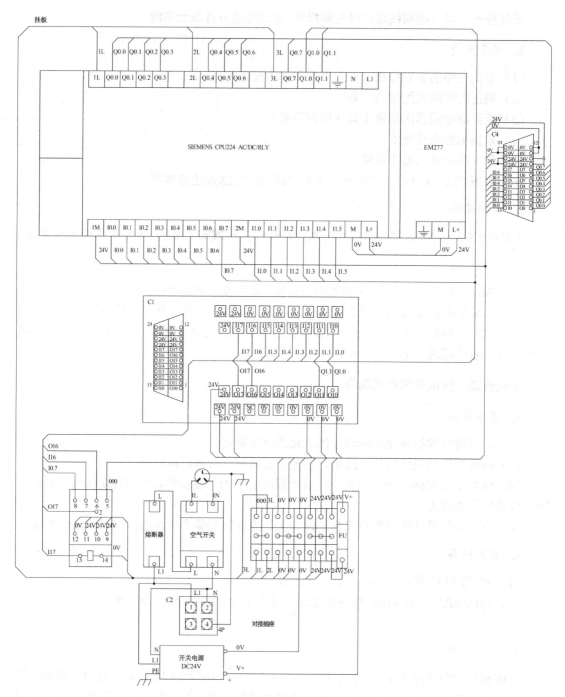

图 5-10 传送分拣单元接线图

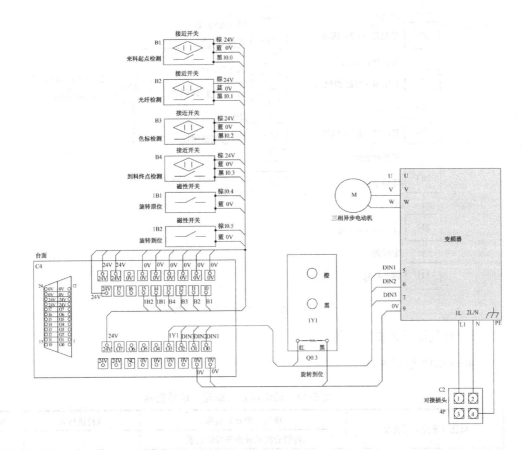

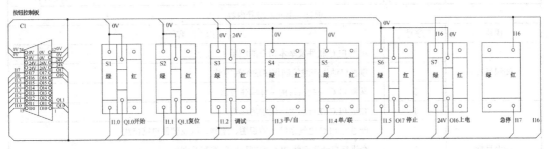

图 5-10 传送分拣单元接线图（续）

4. 任务编程

新建一个程序，根据上述控制要求和图5-11，编写出相应的程序，并运行通过。

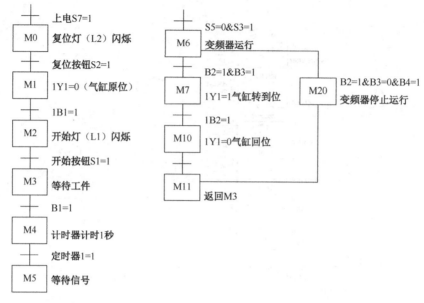

图5-11 传送分拣单元顺序控制功能图

5. 电气控制拆装任务书

见表5-13至表5-16。

表5-13 培训项目（单元）培养目标

项目（单元）任务单		项目（单元）名称		项目执行人	编号
		传送分拣单元电气控制拆装			
班级名称		开始时间		结束时间	总学时
班级人数					180分钟
项目（单元）培养内容					
模块	序号	内　　容			
知识目标	1	掌握PLC软件及基本指令的应用			
	2	掌握自动生产线控制程序的编写方法			
	3	掌握PLC控制系统的总体构建方法			
能力目标	1	知道PLC在自动生产线中的应用			
	2	能进行PLC电气系统图的识图、绘制，以及硬件电路接线			
	3	会进行自动生产线PLC控制程序的编写及调试			
	4	能解决编程过程中遇到的实际问题			
	5	能锻炼学生的自我学习能力和创新能力			
执行人签名		教师签名			教学组长签名

表 5-14　培训项目（单元）执行进度单

项目（单元）执行进度单		项目（单元）名称	项目执行人	编号
		搬运单元电气控制拆装		
班级名称		开始时间	结束时间	总学时
班级人数				180 分钟
项目（单元）执行进度				
序　号	内　　容		方　　式	时间分配
1	根据实际情况调整小组成员，布置实训任务		教师安排	5 分钟
2	小组讨论，查找资料，根据生产线的工作站单元硬件连线图、软件控制电路原理图列出单元控制部分组成、各元件数量、型号等		学员为主，教师点评	10 分钟
3	根据 I/O 分配及硬件连线图，完成 PLC 的外部线路连接		学员为主，教师点评	10 分钟
4	根据控制要求及 I/O 分配，对 PLC 进行编程		学员为主；教师指导	45 分钟
5	检查硬件线路并对出现的故障进行排除		学员为主；互相检查	45 分钟
6	画出程序流程图或顺序功能图，并做好记录，以备调试程序时参考		学员为主；教师指导	20 分钟
7	检查程序，并根据出现的问题对程序进行调整，直到满足控制要求为止		学员为主；教师指导	15 分钟
8	实训过程中，在教师指导下，解决碰到的问题，并鼓励学生互相讨论，自己解决		学员为主；教师引导	10 分钟
9	小组成员交叉检查并填写实习实训项目（单元）检查单		学员为主	10 分钟
10	教师给学员评分		教师评定	10 分钟
执行人签名	教师签名		教学组长签名	

表 5-15　培训项目（单元）设备、工具准备单

项目（单元）设备、工具准备单		项目（单元）名称		项目执行人	编号
		传送分拣单元电气控制拆装			
班级名称		开始时间		结束时间	
班级人数					
项目（单元）设备、工具					
类型	序号	名称	型号	台（套）数	备注
设备	1	自动生产线实训装置	THMSRX-3 型	3 套	每个工作站安排 2 人（实验室提供）
工具	1	数字万用表	9205	1 块	实训场备
	2	十字螺丝刀	8、4 寸	2 把	
	3	一字螺丝刀	8、4 寸	2 把	
	4	镊子		1 把	
	5	尖嘴钳	6 寸	1 把	
	6	扳手			
	7	内六角扳手		1 套	
执行人签名	教师签名		教学组长签名		

备注：所有工具按工位分配。

表 5-16　培训项目（单元）检查单

项目（单元）名称		项目指导老师		编　　号
传送分拣单元电气控制拆装				
班级名称	检查人	检查时间		检查评等
检查内容	检查要点		评　价	
参与查找资料，掌握生产线的工作站单元硬件连线图、I/O 分配原理图、程序流程图	能读懂图并且速度快			
列出单元 PLC 的 I/O 分配、各元件数量、型号等	名称正确，和实际的一一对应			
工具摆放整齐	操作文明规范			
万用表等工具的使用	识别各种工具，掌握正确使用方法			
传感器等控制部件的正确安装	熟悉和掌握安全操作常识，以及器件安装后的正确放置、连线及测试方法			
装配所有器件后，通电联调	检查是否能正确动作，对出现的故障能否排除			
调试程序时的操作顺序	是否有程序流程图，调试是否有记录以及故障的排除			
调试成功	工作站各部能正确完成工作，运行良好			
硬件及软件出现故障	排除故障的能力以及对待故障的态度			
与小组成员合作情况	能否与其他同学和睦相处，团结互助			
遵守纪律方面	按时上、下课，中途不溜岗			
地面、操作台干净	接线完毕后能清理现场的垃圾			
小组意见				
教师审核				
被检查人签名	教师评等		教师签名	

任务三　传送分拣单元的调试及故障排除

在机械拆装以及电气控制电路的拆装过程中，应进一步了解掌握设备调试的方法、技巧及注意点，培养严谨的作风，做到以下几点。

（1）所用工具的摆放位置正确，使用方法得当。

（2）注意所用各部分器件的好坏及归零。

（3）注意各机械设备的配合动作及电动机的平衡运行。

（4）电气控制电路的拆装过程中，必须认真检查线路的连接。重点检查电源线的走向。

（5）在程序下载前，必须认真检查。重点检查各个执行机构之间是否会发生冲突，如有冲突，应立即停下，认真分析原因（机械、电气、程序等）并及时排除故障，以免损坏设备。

（6）总结经验，把调试过程中遇到的问题、解决的方法记录于表 5-17。

表 5-17 调试运行记录表

观察步骤＼观察项目 结果	传动带输送线	分拣料槽	旋转气缸	变频器	三相交流减速电动机	光电传感器	光纤、颜色传感器	电磁阀	PLC	单元动作
各机械设备的动作配合										
各电气设备是否正常工作										
电气控制线路的检查										
程序能否正常下载										
单元是否按程序正常运行										
故障现象										
解决方法										

表 5-18 用于评分。

表 5-18 总评分表

班级 第 组			评 分 标 准	学生自评	教师评分	备注
评分内容		配分				
传送分拣单元	工作计划材料清单气路图电路图接线图程序清单	12	没有工作计划扣2分；没有材料清单扣2分；气路图绘制有错误的扣2分；主电路绘制有错误的，每处扣1分；电路图符号不规范，每处扣1分			
	零件故障和排除	10	直线传动带输送线、分拣料槽、旋转气缸、变频器、三相交流减速电动机、光电传感器、光纤传感器、颜色传感器、电磁阀、开关电源、可编程序控制器、按钮、I/O接口板、通信接口板、电气网孔板、直流减速电动机、电磁阀及气缸等零件没有测试以确认好坏并予以维修或更换，每处扣1分			
	机械故障和排除	10	错误调试导致分拣料槽、旋转气缸不能运行，扣6分			
			直线传动带输送线调整不正确，每处扣1.5分			
			气缸调整不恰当，扣1分			
			有紧固件松动现象，每处扣0.5分			
	气路连接故障和排除	10	气路连接未完成或有错，每处扣2分			
			气路连接有漏气现象，每处扣1分			
			气缸节流阀调整不当，每处扣1分			
			气管没有绑扎或气路连接凌乱，扣2分			
	电路连接故障和排除	20	不能实现要求的功能、可能造成设备或元件损坏，每处扣1分，最多扣4分			
			没有必要的限位保护、接地保护等，每处扣1分，最多扣3分			
			必要的限位保护未接线或接线错误扣1.5分			
			端子连接、插针压接不牢或超过2根导线，每处扣0.5分；端子连接处没有线号，每处扣0.5分，两项最多扣3分；电路接线没有绑扎或电路接线凌乱，扣1.5分			
	程序的故障和排除	20	按钮不能正常工作，扣1.5分			
			上电后不能正常复位，扣1分			
			参数设置不对，不能正常和PLC通信，扣1分			
			指示灯亮灭状态不满足控制要求，每处扣0.5分			

续表

班级　　　第　　组		评　分　标　准	学生自评	教师评分	备注
评分内容	配分				
单元正常运行工作 初始状态检查和复位，系统正常停止	8	运行过程缺少初始状态检查，扣 1.5 分；初始状态检查项目不全，每项扣 0.5 分；系统不能正常运行扣 2 分，系统停止后，不能再启动扣 0.5 分			
职业素养与安全意识	10	现场操作安全保护符合安全操作规程；工具摆放、包装物品、导线线头等的处理符合职业岗位的要求；团队有分工有合作，配合紧密；遵守纪律，尊重工作人员，爱惜设备和器材，保持工位的整洁			
总计	100				

5.4　重点知识、技能归纳

（1）本项目主要介绍了变频器的作用、原理及应用方法，特别介绍了西门子 MM420 变频器的使用，通过 BOP 面板控制变频器，通过端子控制变频器和通过网络控制变频器。

（2）变频器在实际应用中非常多，发展非常迅猛，目前大多数的调速系统会越来越青睐变频控制，变频器的控制功能不强，但是它与 PLC 配合使用非常方便，将变频器纳入到以 PLC 为核心的工业控制系统中来，利用 PLC 强大的控制功能和变频器对交流电动机调速控制能力，工控自动化将如虎添翼，使工业自动化控制更加可靠、方便、灵活和简单。

（3）学习此部分内容时，应通过训练熟悉传送分拣单元的结构与功能，亲身实践自动生产线的变频器等控制技术，并使这些技术融会贯通。

5.5　工程素质培养

（1）说明通用变频器的结构，各部分的作用。

（2）了解当前国内、国际上的变频器生产厂家以及当前变频器技术的发展、应用领域与行业。

（3）认真执行培训项目（单元）执行进度记录，归纳传送分拣单元 PLC 控制调试中的故障原因及排除故障的思路。

（4）变频器有哪些种类？各有什么特点？

（5）变频器参数中的命令源是什么意思？

（6）快速调试中每个参数的含义是什么？

（7）在机械拆装以及电气动控制电路的拆装过程中，进一步掌握气动系统与元件安装、调试变频器的方法和技巧，并组织小组讨论和各小组之间的交流。

项目六　搬运安装单元

6.1　搬运安装单元项目引入

1. 主要组成与功能

搬运安装单元由平移工作台、塔吊臂、机械手、齿轮齿条、工业导轨、开关电源、可编程序控制器、按钮、I/O 接口板、通信接口板、电气网孔板、多种类型电磁阀及气缸组成（见图 6-1），可将上一站工件拿起放入安装平台，等待安装站将小工件安装到位后，将装好的工件拿起放入下一站。

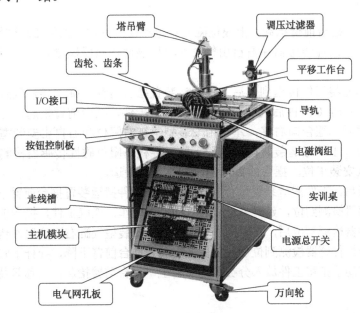

图 6-1　搬运安装单元总图

（1）机械手：与塔吊臂结合在一起，用于夹取工件。

（2）齿轮齿条传动：完成平移工作台左右移动。

（3）工业导轨：辅助平移工作台左右移动。

（4）电磁阀组：用于控制各个气缸的升出、缩回动作。

（5）磁性传感器：用于气缸的位置检测。当检测到气缸准确到位后将给PLC发出一个到位信号（磁性传感器接线时注意蓝色接"−"，棕色接"PLC输入端"）。

（6）单杆气缸：由单向气动电控阀控制。当气动电控阀得电，气缸缩回，同时塔吊臂下降与机械手指组合完成工件的夹取。

（7）警示灯：系统上电、运行、停止信号指示。

（8）安装支架：用于安装提升气缸及各个检测传感器。

（9）控制按钮板：用于系统的基本操作、单机控制、联机控制。

（10）电气网孔板：主要安装 PLC 主机模块、空气开关、开关电源、I/O 接口板、各种接线端子等。

2. 主要技术指标

控制电源：直流 24V/4.5A。

PLC 控制器：西门子。

电磁阀：4V110-06，4V120-06，4V130C-06。

调速阀：出气节流式。

磁性传感器：D-C73L。

单杆气缸：CDJ2B16-75。

气缸：CDM2B20-30，CDU20-50D，CDU20-90D。

气动手指：MHZ2-16D。

3. 工艺流程

系统启动后，摆台前臂抬起，上限位磁性传感器检测到位；工件搬运装置摆台向左移，左自由气缸左限位磁性传感器和右自由气缸右限位磁性传感器检测到位；摇臂导杆在搬运装置（转盘）工位上方。

变频传送单元将工件传送到位后工件搬运装置摆台前臂下降，导杆气缸下限位磁性传感器检测到位，延时 0.5 秒后气动手指动作，抓取工件，摆台前臂抬起，导杆上限位磁性传感器检测到位后，摆台向右移，左自由安装型气缸右限位和右自由安装型气缸左限位传感器检测到位后，工件搬运装置摆台前臂下降，导杆下限位磁性传感器检测到位后，气动手指将工件放入安装工位，摆台前臂抬起，左移等待搬运。

待安装完成后，工件搬运装置运行到安装工位，工件搬运装置摆台前臂下降，导杆气缸下限位磁性传感器检测到位，延时 0.5 秒后气动手指动作，抓取工件，摆台前臂抬起，导杆上限位磁性传感器检测到位后，摆台向右移，左自由安装型气缸右限位磁性传感器和右自由安装型左限位磁性传感器检测到位后，工件搬运装置摆台前臂下降，导杆下限位磁性传感器检测到位后，气动手指将工件放入分类单元货台上，摆台前臂抬起，左移等待搬运。

6.2 搬运安装单元项目准备

任务一 知识准备——STEP7 编程软件的使用

1. STEP7 简介

STEP7 编程软件用于 SIMATIC S7、M7 和基于 PC 的 WinCC，是供它们编程、监控和参数设置的标准工具。

为了在个人计算机上正常使用 STEP7，应配置 MPI 通信卡或 PC/MPI 或 CP5611 通信适配器，将计算机连接到 MPI 或 PROFIBUS 网络，来下载和上传 PLC 的用户程序和组态数据。

STEP7 具有以下功能：硬件配置和参数设置、通信组态、编程、测试、启动和维护、文件建档、运行和诊断等。STEP7 所有功能均有大量的在线帮助，用鼠标选中某一对象，按 F1 键就可以得到该对象的在线帮助。

在 STEP7 中，用项目管理器来管理一个自动化系统的硬件和软件。STEP7 用 SIMATIC 管理器对项目进行集中管理。

2. STEP7 使用说明

在本项目中，我们所使用的 STEP7 为 V5.4 版本，主站使用 CP5611 网卡与 PLC 通信，从站使用 PC/MPI 或 CP5611 通信电缆与 PLC 通信。

本实训系统平台自动化任务解决方案设计完毕后，要在编程软件 STEP7 中生成项目、组态硬件，生成程序、传送程序到 CPU 并调试。下面逐一介绍。

1）生成项目

双击桌面上的"SIMATIC Manager"图标，则会启动 STEP7 管理器及 STEP7 新项目创建向导，如图 6-2 所示（如不出现，则须在下拉菜单"File"中选择"New project wizard"）。

按照向导界面提示，单击"Next"按钮，选择好 CPU 型号（本示例选择的 CPU 型号为 CPU315-2DP），设置 CPU 的 MPI 地址为 2，单击"Next"按钮，在出现的界面中选择好你所熟悉的编程语言（有梯形图 LAD、编程指令 STL、流程图 FBD 等可供选择），单击"Finish"按钮，项目生成完毕，启动后 STEP7 管理器界面如图 6-3 所示。

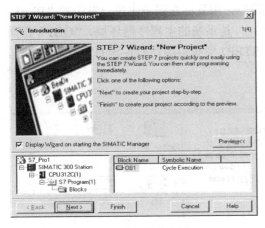

图 6-2 新项目创建向导

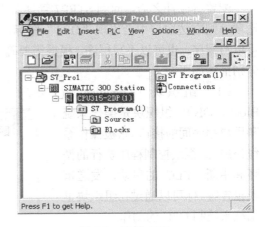

图 6-3 选择 CPU

2）组态硬件

组态硬件的主要工作是把控制系统的硬件在 STEP7 管理器中进行相应的配置，并在配置时对模块的参数进行设定。用鼠标左键单击 STEP7 管理器左边窗口中的"SIMATIC300 Station"项，则右边窗口中会出现"Hardware"和"CPU315-2DP（1）"两个图标，双击图标"Hardware"，打开硬件配置窗口如图 6-4 所示。整个硬件配置窗口分为 4 部分，左上方为模块机架，左下方为机架上模块的详细内容，右上方是硬件列表，右下方是硬件列表中具体某个模块的功能说明和订货号。

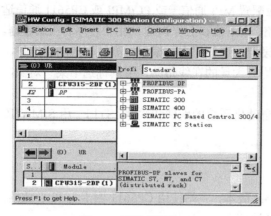

图 6-4　硬件配置窗口

要配置一个新模块，首先要确定模块放置在机架上的什么地方，再在硬件列表中找到相对应的模块，双击模块或者按住鼠标左键拖动模块到安放位置，放好后，会自动弹出模块属性对话框，设置好模块的地址和其他参数即可。

按照上面的步骤，逐一按照实际硬件排放顺序配置好所有的模块，编译通过后，保存所配置的硬件。

单击"开始"→"设置"→"控制面板"，用鼠标左键双击控制面板中的"Set PG/PC Interface"图标，选择好 PC 和 CPU 的通信接口部件后单击"OK"按钮退出（通信设置详见项目七的通信组态），把控制系统的电源打开，把 CPU 置于 STOP 或者 RUN-P 状态，回到硬件配置窗口，单击图标，下载配置好的硬件到 CPU 中，把 CPU 置于 RUN 状态（如果下载程序时 CPU 置于 RUN-P 状态，则可省略这一步），如果 CPU 的 SF 灯不亮，亮的只有绿灯，表明硬件配置正确。如果 CPU 的 SF 灯亮，则表明配置出错，单击硬件配置窗口中图标，则配置错的模块将有红色标记，反复修改出错模块参数，保存并下载到 CPU，直到 CPU 的 SF 灯不亮，亮的只有绿灯为止。

3）程序结构

配置好硬件之后，回到 STEP7 管理器界面窗口，用鼠标左键单击窗口左边的"Block"选项，则右边窗口中会出现"OB1"图标，"OB1"是系统的主程序循环块，"OB1"里面可以写程序，也可以不写程序，根据需要确定。STEP7 中有很多功能各异的块（见图 6-5），分别描述如下。

（1）组织块（Organization Block，OB）。组织块是操作系统和用户程序间的接口，它被操作系统调用。组织块控制程序执行的循环和中断、PLC 的启动、发送错误报告等。你可以通过在组织块里编程来控制 CPU 的动作。

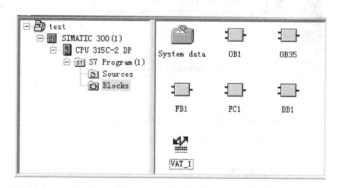

图 6-5　各种功能块

（2）功能函数块（Function Block，FB）。功能函数块为 STEP7 系统函数，每一个功能函数块完成一种特定的功能，你可以根据实际需要调用不同的功能函数块。

（3）函数（Function，FC）。函数是为了满足用户特定的功能需求而由用户自己编写的子程序，函数编写好之后，用户可对它进行调用。

（4）数据块（Data Block，DB）。数据块是用户为了对系统数据进行存储而开辟的数据存储区域。

（5）数据类型（Data Type，UDT）。它是用户用来对系统数据定义类型的功能模块。

（6）变量标签（Variable Table，VAT）。用户可以在变量标签中加入系统变量，并给这些变量加上用户易懂的注释，方便用户编写程序或进行变量监视。

如果要加入某种块，则可在右边窗口（即出现"OB1"的窗口）空白处单击鼠标右键，选择"Insert New Object"选项，在其下拉菜单中用鼠标左键单击所要的块。用鼠标左键双击所要编写程序的块即可编写程序了。程序写好并编译通过之后单击 STEP7 管理器界面窗口中的图标 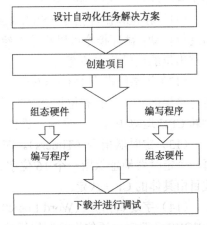，下载到 CPU 中，把 CPU 置于 RUN 状态即可运行程序。

综上所述，使用STEP7设计完成一项自动化任务的基本步骤如下（见图6-6）。

第 1 步：要根据需求设计一个自动化解决方案。

第 2 步：在 STEP7 中创建一个项目（Project）。

第 3 步：在项目中，可以选择先组态硬件再写程序，或者先写程序再组态硬件。

第 4 步：硬件组态和程序设计完成后，通过编程电缆将组态信息和程序下载到硬件设备中。

第 5 步：进行在线调试并最终完成整个系统项目。

在大多数情况下，建议先组态硬件再编写程序，尤其是对于 I/O 点数比较多、结构复杂的项目（例如有多个 PLC 站的项目）来说，应该先组态硬件再编写程序。因为 STEP7 在硬件组态窗口中会显示所有的硬件地址，硬件组态完成后，用户编写程序的时候就可以直接使用这些地址，从而减少出错的机会。

一个项目中包含多个 PLC 站点的时候，合理的做法是在每个站点下编写各自的程序，这样就要求先做好各个站点的硬件组态，否则项目结构就会显得混乱，而且下载程序的时候也容易出现错误。

4）STEP7 中 LAD/FBD 指令系统

LAD 和 FBD 的指令系统比较相似。按照编程元素窗口中的分类，它们的指令系统包括以下几类。

图 6-6　设计自动化任务解决方案流程

（1）位逻辑指令（Bit Logic）。位逻辑指令处理布尔值"1"和"0"。在 LAD 表示的接点与线圈中，"1"表示动作或者通电，"0"表示未动作或者未通电。位逻辑指令扫描信号状态，并根据布尔逻辑对它们进行组合。这些组合产生的结果（1 或者 0）称为逻辑运算结果。

（2）比较指令（Comparator）。比较指令对两个输入 IN1 和 IN2 比较，比较的内容可以是相等、不相等、大于、小于、大于等于和小于等于。如果比较结果为真，则 RLO 为"1"。比较指令有三类，分别用于整数、双整数和实数。

（3）转换指令（Converter）。转换指令可以将参数 IN 的内容进行转换或更改符号，其结果可以输出到参数 OUT。

（4）计数器指令（Counters）。在 CPU 的存储器中，为计数器保留有存储区。该存储区为每一计数器地址保留一个 16 位字。指令集支持 256 个计数器，而能够使用的计数器数目由具体的 CPU 决定。

（5）数据块调用指令（DB Call）。数据块调用指令用于打开数据块指令，该指令是一种无条件调用数据的指令。数据打开后，可以通过 CPU 内的数据寄存器 DB 或 DI 直接访问数据块的内容。

（6）逻辑控制指令（Jumps）。逻辑控制指令通过标签（Label）和无条件或者有条件的跳转指令，实现用户程序中的逻辑控制。

（7）浮点算术运算指令（Floating-point Function）。浮点算术运算指令实现对 32 位实数的算术运算。

（8）整数算术运算指令（Integer Function）。整数算术运算指令实现 16 位或者 32 位整数之间的加、减、乘、除和取余的数学运算。

（9）赋值指令（Move）。赋值指令将输入端（IN）的特定值复制到输出端（OUT）上的特定地址中。该指令只能复制 BYTE（字节）、WORD（字）或 DWORD（双字）类型的数据对象。用户定义的数据类型（例如数组或结构）必须使用系统功能 "BLKMOVE"（SFC20）进行复制。

（10）程序控制指令（Program Control）。程序控制指令包括块调用指令以及主控继电器实现程序段使能控制的指令。

（11）移位和循环指令（Shift/Rotate）。移位指令可以将输入参数 IN 中的内容向左或向右逐位移动；循环指令可以将输入参数 IN 中的全部内容循环地逐位左移或右移，空出的位用移出位的信号状态填充。

（12）状态位指令（Status Bits）。状态字是 CPU 存储器中的一个寄存器，用于指示 CPU 运算结果的状态。状态位指令是位逻辑指令，针对状态字的各位进行操作。通过状态可以判断 CPU 运算中溢出、异常、进位、比较结果等状态。

（13）定时器指令（Timers）。在 CPU 的储存器中，为定时器保留有储存区。该区域为每一个定时器地址保留一个 16 位字。指令集支持 256 个定时器，而具体能够使用的定时器数目由具体的 CPU 决定。

（14）字逻辑指令（Word Logic）。字逻辑指令按照布尔逻辑将成对的 WORD（字）或DWORD（双字）逐位进行逻辑运算。

S7-300 采用紧凑的无槽位限制的模块结构，电源模块（PS）、CPU、信号模块（SM）、功能模块（FM）、接口模块（IM）和通信处理器（CP）都安装在导轨上。

导轨是一种专用的金属机架，只要将模块钩在 DIN 标准的安装导轨上，然后用螺丝锁紧就可以了。电源模块总是安装在机架的最左边，CPU 模块紧靠着电源模块。如果有接口模块，则放在 CPU 模块的右侧。如果有扩展机架，则接口模块占用 3 号槽位，负责与其他扩展机架自动地进行数据通信。

本实训装置主控单元配置 S7-300 系列 PLC：CPU313C-2DP（32KB 工作内存，带PROFIBUS-DP 主/从接口，16 路数字量输入/16 路晶体管输出，PID，计数器，PWM 脉冲输出，频率测量功能），40 针前连接器，64KB MMC 存储卡。

注意：组建 MPI、PROFIBUS-DP 网络通信须配 CP5611 专业网卡一张。

3. PLC 的程序编制

1）编程元件

PLC 是采用软件编制程序来实现控制要求的。编程时要使用到各种编程元件，它们可提供无数个动合和动断触点。编程元件是指输入映像寄存器、输出映像寄存器、位存储器、定时器、计数器、通用寄存器、数据寄存器及特殊功能存储器等。

PLC 内部这些存储器的作用和继电接触控制系统中使用的继电器十分相似，也有"线圈"与"触点"，但它们不是"硬"继电器，而是 PLC 存储器的存储单元。当写入该单元的逻辑状态为"1"时，则表示相应的继电器线圈得电，其动合触点闭合，动断触点断开。所以，内部的这些继电器称为"软"继电器。

2）编程语言

所谓程序编制，就是用户根据控制对象的要求，利用 PLC 厂家提供的程序编制语言，将一个控制要求描述出来的过程。PLC 最常用的编程语言是梯形图语言和指令语句表语言。

（1）梯形图（LAD）。梯形图是一种从继电接触控制电路图演变而来的图形语言。它是借助类似于继电器的动合触点、动断触点、线圈以及串/并联等术语和符号，根据控制要求连接而成的表示 PLC 输入和输出之间逻辑关系的图形，直观易懂。

梯形图中常用图形符号 ┤├ ┤╱├ 分别表示 PLC 编程元件的动断触点和动合触点；用（）表示线圈。梯形图中编程元件的种类用图形符号及标注的字母或数加以区别。触点和线圈等组成的独立电路称为**网络**，用编程软件生成的梯形图和语句表程序中有网络编号，允许以网络为单位给梯形图加注释。

梯形图的设计应注意以下三点。

① 梯形图按从左到右、自上而下的顺序排列。每一逻辑行（或称梯级）起始于左母线，然后是触点的串、并联，最后是线圈（与能流的方向一致）。

② 梯形图中每个梯级流过的不是物理电流，而是"概念电流"，或称**"能流"**，能流从左流向右，其两端没有电源。这个"概念电流"只是用来形象地描述用户程序执行中应满足线圈接通的条件。

③ 输入寄存器用于接收外部输入信号，不能由 PLC 内部其他继电器的触点来驱动。因此，梯形图中只出现输入寄存器的触点，而不出现其线圈。输出寄存器则输出程序执行结果给外部输出设备，当梯形图中的输出寄存器线圈得电时，就有信号输出，但不是直接驱动输出设备，而要通过输出接口的继电器、晶体管或晶闸管才能实现。输出寄存器的触点也可供内部编程使用。

（2）指令语句表（STL）。指令语句表是一种用指令助记符来编制 PLC 程序的语言，它类似于计算机的汇编语言，但比汇编语言易懂易学，若干条指令组成的程序就是指令语句表。一条指令语句由步序、指令语和作用器件编号三部分组成。

（3）顺序功能图（SFC）。顺序功能图是一种位于其他编程语言之上的图形语言，用来编制顺序控制程序。在这种语言中，工艺过程被分为若干个顺序出现的步，步中包含控制输出的动作，从一步到另一步的转换由转换条件控制。它的优点是表达复杂的顺序控制过程非常清晰，用于编程及故障诊断更为有效，使 PLC 程序的结构更加易读，特别适合于生产制造过程。

（4）功能块图（FBD）。功能块图使用类似于布尔代数的图形逻辑符号来表示控制逻辑，即采用类似于与门、或门的方框来表示逻辑运算关系，方框的左侧为逻辑运算的输入变量，右侧为输出变量，输入、输出端的小圆圈表示"非"运算，方框被"导线"连接在一起，信号自左向右流动。它的优点是用指令框来表示一些复杂的功能，有数字电路基础的人很容易掌握。

图 6-7 为 PLC 实现三相笼式电动机启/停控制的三种编程语言的表示方法。

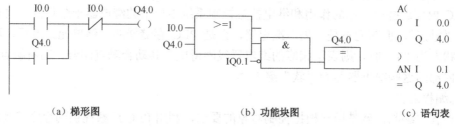

    （a）梯形图   （b）功能块图   （c）语句表

图 6-7 三种编程语言示例

4. S7-300 编程的步骤

（1）决定系统所需的动作及次序。

当使用可编程控制器时，最重要的一环是决定系统所需的输入/输出，这主要取决于系统所需的输入/输出接口分立元件，输入/输出要求如下。

① 设定系统输入/输出数目，可由系统的输入/输出分立元件数目直接取得。

② 决定控制先后次序、各器件相应关系以及做出何种反应。

（2）将输入/输出器件编号。每一个输入/输出（包括定时器、计数器、内置继电器等）都有一个唯一的对应编号，不能混用。

（3）画出梯形图。根据控制系统的动作要求，画出梯形图。梯形图设计规则如下。

① 触点应画在水平线上，不能画在垂直分支上。应根据自左至右、自上而下的原则和对输出线圈的几种可能控制路径来画。

② 不包含触点的分支应放在垂直方向，不可放在水平方向，以便于识别触点的组合和对输出线圈的控制路径。

③ 在有几个串联回路相并联时，应将触头多的那个串联回路放在梯形图的最上面。在有几个并联回路相串联时，应将触点最多的并联回路放在梯形图的最左面。按这种方式编制的程序简洁明了，语句较少。

④ 不能将触点画在线圈的右边，只能在触点的右边接线圈。

（4）将梯形图转化为程序。把继电器梯形图转变为可编程控制器的编码，当完成梯形图以后，下一步是把它编码成可编程控制器能识别的程序。这种程序语言由地址、控制语句以及数据组成。地址是控制语句及数据所存储的位置，控制语句告诉可编程控制器怎样利用数据做出相应的动作。

（5）在编程方式下用键盘输入程序。

（6）编程及设计控制程序。

（7）测试控制程序的错误并修改。保存完整的控制程序。

子任务 三相异步电动机正、反转控制

1. 硬件电路

图 6-8 是三相异步电动机正、反转控制的主电路和继电器控制电路，KM1 和 KM2 分别是控制正转运行和反转运行的交流接触器。图中的 FR 是用于过载保护的热继电器。

图 6-9 是 PLC 的外部接线图和梯形图，各输入信号均由常开触点提供。输出电路中的硬件互锁电路用于确保 KM1 和 KM2 的线圈不会同时通电，以防止出现交流电源相互短路的故障。

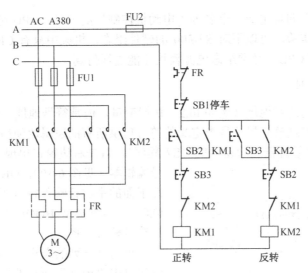

图 6-8 异步电动机正、反转控制电路图

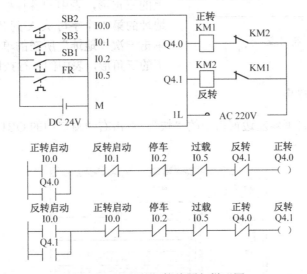

图 6-9 PLC 外部接线图与梯形图

常开触点又称动合触点，其符号为 ⎯|位地址|⎯。常开触点对应位地址的存储器单元位是"1"状态（"0"状态）时，常开触点取对应位地址存储单元位"1"（"0"）的原状态，该常开触点闭合（断开）。

常闭触点又称动断触点，其符号为 ⎯⎯ 位地址 ⎯⎯｜／｜⎯⎯。常闭触点对应位地址的存储器单元位是"1"状态（"0"状态）时，常闭触点取对应位地址存储单元位"1"（"0"）的反状态，该常闭触点断开（闭合）。

对于常开触点和常闭触点，其触点指令为布尔型，放在线圈的左边。位地址的存储单元可以是输入继电器 I、输出继电器 Q、位存储器 M 等。

特别强调：梯形图程序常开触点个数可以无限制地增加。

2. 生成项目

用"新建项目"向导生成一个名为"电动机控制"的项目，CPU 可以选任意的型号。如果只是用于仿真实验，可以不对 S7-300 的硬件组态，机架中只有 CPU 模块也能仿真。如果使用 S7-400 的 CPU，必须组态电源模块才能进行仿真。

3. 定义符号地址

在程序中可以用绝对地址（例如 I0.2）访问变量，但是符号地址（例如"停止按钮"）使程序更容易阅读和理解。用符号表定义的符号可供所有的逻辑块使用。

选中 SIMATIC 管理器左边窗口的"S7 程序"，双击右边窗口出现的"符号"，打开符

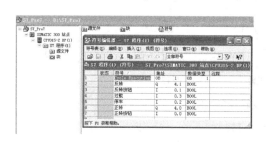

图 6-10　符号表

号编辑器（见图 6-10），OB1 的符号自动生成。在下面的空白行输入符号"正转按钮"和地址 I0.0，其数据类型 BOOL 是自动添加的。可以为符号输入注释。

单击某一列的表头，可以改变排序的方法。例如单击"地址"所在的单元，该单元出现向上的三角形，表中的各行按地址升序排列（按地址的第 1 个字母从 A 到 Z 的顺序排列）。再单击一次"地址"所在的单元，该单元出现向下的三角形，表中的各行按地址降序排列。

4. 生成梯形图程序

选中 SIMATIC 管理器左边窗口中的"块"，双击右边窗口中的 OB1，打开程序编辑器（见图 6-11）。

（a）

图 6-11　自定义程序编辑器的属性

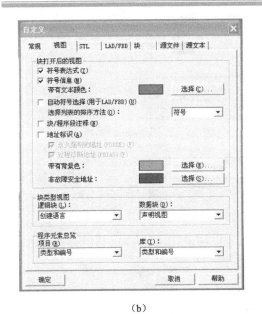
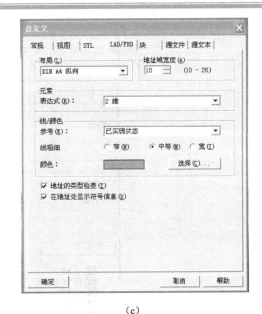

（b）　　　　　　　　　　　　　　　　　（c）

图 6-11　自定义程序编辑器的属性（续）

第一次打开程序编辑器时，程序块和每个程序段均有灰色背景的注释区。注释区比较占地方，可以执行菜单命令"视图"→"显示方法"→"注释"以关闭所有的注释区。下一次打开该程序块后，需要做同样的操作来关闭注释。

执行下面的操作，可以在打开程序块时不再显示注释区：在程序编辑器中执行菜单命令"选项"→"自定义"，在打开的"自定义"对话框的"视图"选项卡中取消"块打开后的视图"区中对"块 / 程序段注释"的激活，即用鼠标单击它左边的复选框，使其中的"√"消失。在"自定义"对话框的"LAD/FBD"选项卡中可以设置"地址域宽度"，即梯形图中触点和线圈的宽度（以字符个数为单位）。关闭程序段的注释后，可以将程序段的简要注释放在程序段的"标题"行。

> 注意：如果在新建项目时时默认的编程语言为"STL"（语句表），则打开程序编辑器后，只能输入语句表。此时需要执行菜单命令"视图"→"LAD"，将编程语言切换为梯形图。

单击程序段 1 梯形图的水平线，使其变为深色的加粗线。

单击一次工具栏上的常开触点按钮┤├，单击四次常闭触点按钮┤/├，单击一次线圈按钮┤ ├以及┤├，生成的触点和线圈见图 6-12（a）。

为了生成并联的触点，首先单击最左边的垂直短线来选中它，然后单击工具栏上的按钮┤├，生成一个常开触点，见图 6-12（b）。单击工具栏上的按钮┙，该触点就被并联到上面一行的第一个触点上，见图 6-12（c）。

用鼠标右键单击触点上的"??.?"，执行弹出的快捷菜单中的"插入符号"命令，见图 6-12（d），打开下拉式符号表，见图 6-12（e），双击其中的变量"电动机正转"，该符号地址出现在触点上。用同样的方法输入其他符号地址。

(a)
(b)
(c)
反转 BOOL Q
反转按钮 BOOL I
过载 BOOL I
停车 BOOL I
正转 BOOL Q
正转按钮 BOOL I
(d)
Ctrl+V
Del
Ctrl+R
Alt+F9
Ctrl+J
Alt+Return
(e)

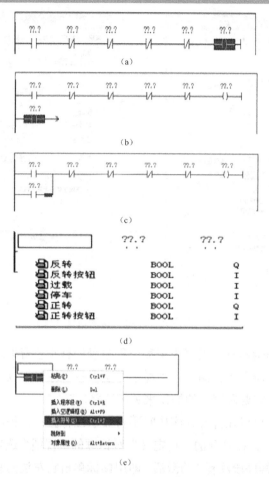

图 6-12　生成用户程序

图 6-13 是输入结束后的梯形图，STEP7 自动地为程序中的全局符号加双引号。

STEP7 的鼠标右键功能是很强的，用鼠标右键单击窗口中的某一对象，在弹出的快捷菜单中将会出现与该对象有关的最常用的命令。单击某一菜单项，可以执行相应的操作。建议在使用软件的过程中逐渐熟悉和掌握右键功能。

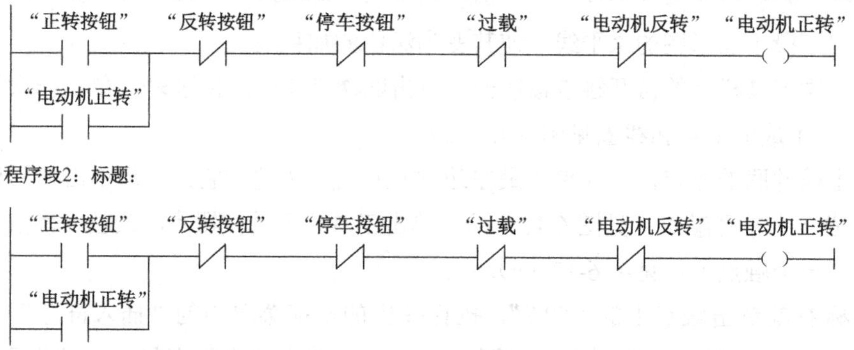

“正转按钮”
“反转按钮”
“停车按钮”
“过载”
“电动机反转”
“电动机正转”
“电动机正转”
程序段2：标题：
“正转按钮”
“反转按钮”
“停车按钮”
“过载”
“电动机反转”
“电动机正转”
“电动机正转”

图 6-13　梯形图程序

执行菜单命令“视图”→“显示方式”→“符号表达式”，菜单中该命令左边的符号“√”

消失，梯形图中的符号地址变为绝对地址。再次执行该命令，该命令左边出现"√"，又显示符号地址。

执行菜单命令"视图"→"显示方式"→"符号信息"，在符号地址的上面出现绝对地址和符号表中的注释（见图 6-14），菜单中该命令的左边出现符号"√"。再次执行该命令又显示符号地址。

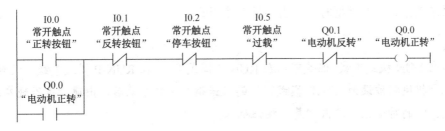

图 6-14　显示符号信息的梯形图程序

用鼠标左键选中双箭头表示的触点的端点，按住左键不放，将自动出现的与端点连接的线拖到希望并允许放置的位置，随光标一起移动的 ⊘ （禁止放置）符号变为 ⅹ （允许放置）时（见图 6-15）放开左键，该触点便被连接到指定的位置。

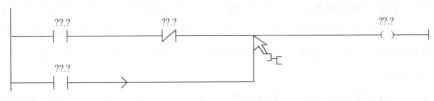

图 6-15　梯形图中触点的并联

5. 用 S7-PLCSIM 调试程序

1）打开仿真软件 S7-PLCSIM

打开 S7-PLCSIM 后，自动建立了 STEP7 与仿真 CPU 的 MPI 连接。刚打开 PLCSIM 时，只有图 6-16 最左边被称为 CPU 视图对象的小方框。单击它上面的"STOP"、"RUN"或"RUN-P"小方框，可以令仿真 PLC 处于相应的运行模式。单击"MRES"按钮，可以清除仿真 PLC 中已下载的程序。

可以用鼠标调节 S7-PLCSIM 窗口的位置和大小。还可以执行菜单命令"View"→"Status Bar"关闭或打开下面的状态条。

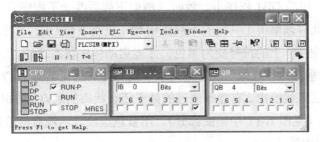

图 6-16　S7-PLCSIM 界面

2）下载用户程序和组态信息

单击 S7-PLCSIM 工具栏上的按钮 🔲 和 🔲，生成 IB0 和 QB0 视图对象。将视图对象中的 QB0 改为 QB4（见图 6-16），按计算机的"Enter"键后更改生效。

下载之前，应打开 S7-PLCSIM。选中 SIMATIC 管理器左边窗口中的"块"对象，单击工具栏的下载按钮 🖳，将 OB1 和系统数据下载到仿真 PLC。下载系统数据时出现"是否要装载系统数据？"对话框时，单击"是"按钮确认。

注意：

不能在 RUN 模式下载，但是可以在 RUN-P 模式下载。在 RUN-P 模式下载系统数据时，将会出现"模块将被设为 STOP 模式？"的对话框。下载结束后，出现"是否现在就要启动该模块？"的对话框。单击"是"按钮确认。

3）用 S7-PLCSIM 的视图对象调试程序

单击 CPU 视图对象中的小方框，将 CPU 切换到 RUN 或 RUN-P 模式。这两种模式都要执行用户程序，但是在 RUN-P 模式可以下载修改后的程序块和系统数据。根据梯形图电路，按下面的步骤调试用户程序。

（1）单击视图对象 IB0 最右边的小方框，方框中出现"√"，I0.0 变为 1 状态，模拟按下正转按钮。梯形图中 I0.0 的常开触点闭合、常闭触点断开。由于 OB1 中程序的作用，Q4.0（电动机正转）变为 1 状态，梯形图中线圈通电，视图对象 QB4 最右边的小方框中出现"√"（见图 6-16）。

再次单击 I0.0 对应的小方框，方框中的"√"消失，I0.0 变为 0 状态，模拟放开启动按钮。梯形图中 I0.0 的常开触点断开、常闭触点闭合。将按钮对应的位（例如 I0.0）设置为 1 之后，注意一定要马上将它设置为 0，否则后续的操作可能会出现异常情况。

（2）单击两次 I0.1 对应的小方框，模拟按下和放开反转启动按钮的操作。由于用户程序的作用，Q4.0 变为 0 状态，Q4.1 变为 1 状态，电动机由正转变为反转。

（3）在电动机运行时用鼠标模拟按下和放开停止按钮 I0.2，或模拟过载信号 I0.5 出现和消失，观察当时处于 1 状态的 Q4.0 或 Q4.1 是否变为 0 状态。

4）用程序状态功能调试程序

仿真 CPU 在 RUN 或 RUN-P 模式时，打开 OB1，单击工具栏上的"监视"按钮 🔍，启动程序状态监控功能。

STEP7 和 PLC 中的 OB1 程序不一致时（例如下载后改动了程序），工具栏的 🔍 按钮上的符号为灰色。此时须单击工具栏的下载按钮 🖳，重新下载 OB1。STEP7 和 PLC 中 OB1 的程序一致后，按钮 🔍 上的符号变为黑色，才能启动程序状态功能。

从梯形图左侧垂直的"电源"线开始的水平线均为绿色（见图 6-17 中粗实线部分），表示有能流从"电源"线流出。有能流流过的处于闭合状态的触点、方框指令、线圈和"导线"均用绿色表示（见图 6-17 中画圈部分）。用蓝色虚线表示没有能流流过和触点、线圈断开（见图 6-17 中虚线部分）。

如果选中程序段 2，只能监控程序段 2 和它之后的程序段，不能监控程序段 1。

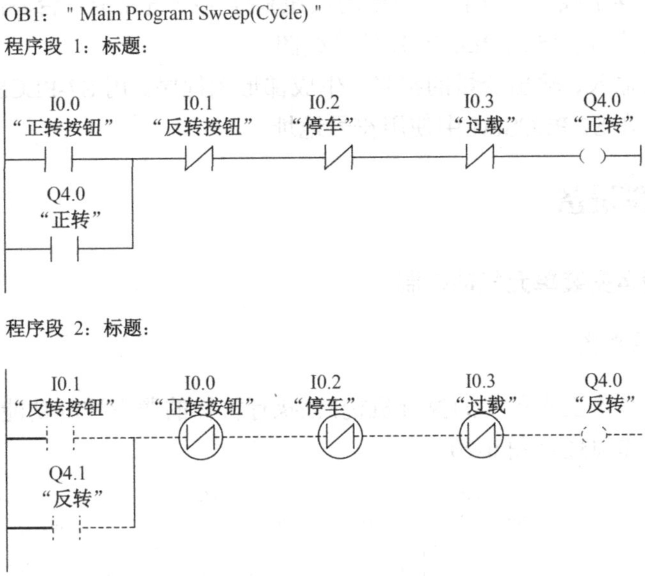

OB1：" Main Program Sweep(Cycle) "

程序段 1：标题：

```
      I0.0           I0.1          I0.2                       I0.3          Q4.0
   "正转按钮"      "反转按钮"     "停车"                    "过载"        "正转"
─────┤ ├────────────┤/├───────────┤/├─────────────────────┤/├───────────( )──
      Q4.0
     "正转"
─────┤ ├─────
```

程序段 2：标题：

```
      I0.1           I0.0          I0.2                       I0.3          Q4.0
   "反转按钮"      "正转按钮"     "停车"                    "过载"        "反转"
─────┤ ├────────────┤/├───────────┤/├─────────────────────┤/├───────────( )──
      Q4.1
     "反转"
─────┤ ├─────
```

图 6-17　程序状态监控

6. 在 S7-PLCSIM 中使用符号地址

执行菜单命令"Tools"→"Options"→ "Attach Symbols"（连接符号），单击打开的 对话框中的"浏览"按钮（见图 6-18），选 中要仿真的项目"电动机控制"。打开项目中 的 SIMATIC 300 站点，选中"S7 程序"，单 击右边窗口的"符号"，在"对象名称"文本 框中出现"符号"，单击"确定"按钮退出对 话框。执行菜单命令"Tools"→"Options" →"Show Symbols"（显示符号），使该指令 项的左边出现"√"（被选中）。单击工具栏 上的按钮 🔲，打开垂直位列表（Vertical Bits）

图 6-18　程序状态监控

视图对象。设置它的地址为 IB0，视图对象的下面显示 IB0 中已定义的符号地址（见图 6-19）。

图 6-19　视图对象

自己试试看：

用新建项目向导生成一个项目，用启动按钮和停止按钮控制一台单向运行的电动机，电动机过载时自动停机。画出 PLC 的外部接线图。

用符号表定义输入、输出变量的符号，生成梯形图程序。用 S7-PLCSIM 和程序状态监控功能调试程序，在 S7-PLCSIM 中使用符号地址。

任务二　技能准备

子任务一　搬运安装单元气动控制

1. 气动回路原理图

气动控制系统是本工作单元的执行机构，该执行机构的逻辑控制功能是由 PLC 实现的。气动控制回路的工作原理见图 6-20。

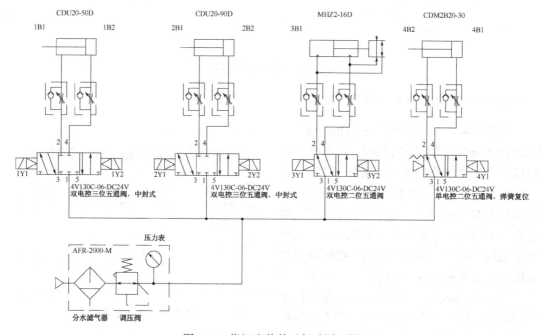

图 6-20　搬运安装单元气动原理图

（1）1B1、1B2 为安装在自由安装型前气缸上的两个极限工作位置的磁性传感器。1Y1、1Y2 为控制自由安装型前气缸的电磁阀。

（2）2B1、2B2 为安装在自由安装型后气缸上的两个极限工作位置的磁性传感器。2Y1、2Y2 为控制自由安装型后气缸的电磁阀。

（3）3B1 为安装在气爪上的极限工作位置的磁性传感器。3Y1、3Y2 为控制自由安装型后气缸的电磁阀。

（4）4B1、4B2 为安装在标准气缸上的极限工作位置的磁性传感器。4Y1 为控制自由安装型后气缸的电磁阀。

子任务二 搬运安装单元电气控制

PLC 的控制原理图如图 6-21 所示。

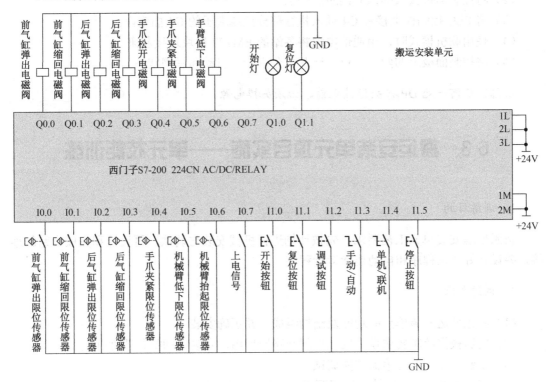

图 6-21 PLC 控制原理图

该单元的复位信号、开始信号、停止信号均从触摸屏发出，经过 S7-300 程序处理后，向各单元发送控制要求，以实现各站的复位、开始、停止等操作。各从站在运行过程中的状态信号应存储到该单元 PLC 规划好的数据缓冲区，以实现整个系统的协调运行。数据规划表见表 6-1。

表 6-1 网络读/写数据规划表

序 号	系统输入网络向 MES 发送数据	S7-200 从站数据 （安装搬运）	主站对应数据（S7-300）	功 能
1	上电 I0.7	V 10.7	I62.7	搬运安装单元实际的 PLC 的 I/O 分配缓冲区以及该单元的数据缓冲区要和 S7-300 主站硬件组态时的数据缓冲区相对应
2	开始 I1.0	V 11.0	I63.0	
3	复位 I1.1	V 11.1	I63.1	
4	调试 I1.2	V 11.2	I63.2	
5	手动 I1.3	V 11.3	I63.3	
6	联机 I1.4	V 11.4	I63.4	
7	停止 I1.5	V 11.5	I63.5	
8	开始灯 Q1.0	V 13.0	I65.0	
9	复位灯 Q1.1	V 13.1	I65.1	
10	已经加工	VW8	IW60	

通常的安装过程（通信电缆为标准的 PROFIBUS-DP 电缆）如下。

（1）将 PLC 控制板装入各站小车内。

（2）将控制面板接头插入 C1 的插槽内。

（3）将 PLC 控制板上接头 C4 插入执行部分接线端子的 C4 插槽内。

（4）使用联机模式时，用通信电缆将各站的 EM277 模块连接起来。

（5）将控制面板上的两个二位旋转开关分别旋至自动和联网状态。

注意！任何一处 DP 接头连接之前，必须关掉电源。

6.3 搬运安装单元项目实施——单元技能训练

1. 训练目的

按照搬运安装单元工艺要求，先按计划进行机械安装与调试，再设计和完成电路的连接，并设计好调试程序和自动连续运行程序。

2. 训练要求

（1）熟悉搬运安装单元的功能及结构组成，并正确安装。

（2）能够根据控制要求设计气动控制回路原理图，安装气动执行器件并调试。

（3）安装所使用的传感器并能调试。

（4）查明PLC各端口地址，根据要求编写程序并调试。

（5）搬运安装单元安装与调试时间计划共计 6 小时，以 2～3 人为一组，并请同学们根据表 6-2 进行记录。

表 6-2　工作计划表

步　骤	内　容	计 划 时 间	实 际 时 间	完 成 情 况
1	整个练习的工作计划			
2	安装计划			
3	线路描述和项目执行图纸			
4	写材料清单和领料及工具			
5	机械部分安装			
6	传感器安装			
7	气路安装			
8	电路安装			
9	连接各部分器件			
10	各部分程序调试			
11	故障排除			

请同学们仔细查看器件，根据所选系统及具体情况填写表 6-3。

表6-3 搬运安装单元材料清单

序　号	代　号	物品名称	规　格	数　量	备注（产地）
1		平移工作台			
2		塔吊臂			
3		机械手			
4		齿轮齿条传动			
5		工业导轨			
6		开关电源			
7		可编程序控制器			
8		按钮			
9		I/O 接口板			
10		通信接口板			
11		电气网孔板			
12		电磁阀组			
13		气缸			

任务一 搬运安装单元机械拆装与调试

1. 任务目的

（1）锻炼和培养学生的动手能力。

（2）加深对各类机械部件的了解，掌握其机械结构。

（3）巩固和加强机械制图课程的理论知识，为机械设计及其他专业课等后续课程的学习奠定必要的基础。

（4）掌握机械总成、各零部件及其相互间的连接关系、拆装方法和步骤及注意事项。

（5）锻炼动手能力，学习拆装方法和正确地使用常用机、工、量具和专门工具。

（6）熟悉和掌握安全操作常识，掌握零部件拆装后的正确放置、分类及清洗方法，培养文明生产的良好习惯。

（7）通过计算机制图，绘制单个零部件图。

2. 任务内容

（1）识别各种工具，掌握正确使用方法。

（2）拆卸、组装各机械零部件、控制部件，如平移工作台、塔吊臂、机械手、齿轮齿条传动、工业导轨、开关电源、PLC、按钮等。

（3）装配所有零部件（装配到位，密封良好，转动自如）。

注意：在拆卸零件的过程中整体的零件不允许破坏性拆开，如气缸，丝杆副等。

3. 实训装置

（1）台面：机构平移工作台、塔吊臂、机械手、齿轮齿条传动。

（2）网孔板：PLC控制机构、供电机构。

（3）各种拆装工具。

4. 机械原理拆装要求

具体拆卸与组装，**先外部后内部，先部件后零件**，按装配工艺顺序进行，拆卸的零件按顺序摆放，进行必要的记录、擦洗和清理。装配时按顺序进行，要一次安装到位。每个学生都要动手。

注意：先拆的后装、后拆的先装。

5. 任务步骤

1）拆卸

工作台面：

（1）准备各种拆卸工具，熟悉工具的正确使用方法。

（2）了解所拆卸的机器主要结构，分析和确定主要拆卸内容。

（3）端盖、压盖、外壳类拆卸；接管、支架、辅助件拆卸。

（4）主轴、轴承拆卸。

（5）内部辅助件及其他零部件拆卸、清洗。

（6）各零部件分类、清洗、记录等。

网孔板：

（1）准备各种拆卸工具，熟悉工具的正确使用方法。

（2）了解所拆卸的器件主要分布，分析和确定主要拆卸内容。

（3）主机 PLC、空气开关、熔断丝座、I/O 接口板、转接端子及端盖、开关电源及导轨的拆卸。

（4）注意各元器件分类、元器件的分布结构、记录等。

2）组装

（1）理清组装顺序，先组装内部零部件，组装主轴及轴承。

（2）组装轴承固定环、上料地板等工作部件。

（3）组装内部件与壳体。

（4）组装压盖、接管及各辅助部件等。

（5）检查是否有未装零件，检查组装是否合理、正确和适度。

（6）具体组装可参考图6-22。

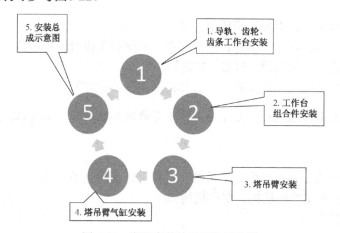

图6-22　搬运安装单元拆装示意图

6. 搬运安装单元机械拆装任务书

见表 6-4 至表 6-7。

表 6-4　培训项目（单元）培养目标

项目（单元）任务单		项目（单元）名称	项目执行人	编　号
		搬运安装单元的拆装		
班级名称		开始时间	结束时间	总学时
班级人数				180 分钟
项目（单元）培养内容				
模　块	序号	内　容		
知识目标	1	锻炼和培养学生的动手能力		
	2	掌握机械总成、各零部件及其相互间的连接关系、拆装方法和步骤及注意事项		
	3	学习拆装方法和正确地使用常用机、工、量具和专门工具		
能力目标	1	识别各种工具，掌握正确使用方法		
	2	掌握拆卸、组装各机械零部件、控制部件的方法，如平移工作台、塔吊臂、机械手、齿轮齿条传动、工业导轨等		
	3	熟悉和掌握安全操作常识，掌握零部件拆装后的正确放置、分类及清洗方法，培养文明生产的良好习惯		
	4	能强化学生的安全操作意识		
	5	能锻炼学生的自我学习能力和创新能力		
执行人签名		教师签名		教学组长签名

表 6-5　培训项目（单元）执行进度单

项目（单元）执行进度单		项目（单元）名称	项目执行人	编　号
		搬运安装单元的拆装		
班级名称		开始时间	结束时间	总学时
班级人数				180 分钟
项目（单元）执行进度				
序号	内　容		方　式	时间分配
1	根据实际情况调整小组成员，布置实训任务		教师安排	5 分钟
2	小组讨论，查找资料，根据生产线的工作站单元总图、气动回路原理图、安装接线图列出单元机械组成、各零件数量、型号等		学员为主，教师点评	20 分钟
3	准备各种拆卸工具，熟悉工具的正确使用方法		器材管理员讲解	10 分钟
4	了解所拆卸的机器主要结构，分析和确定主要拆卸内容		学员为主，教师指导	10 分钟
5	端盖、压盖、外壳类拆卸；接管、支架、辅助件拆卸；主轴、轴承拆卸；内部辅助件及其他零部件的拆卸、清洗		学员为主，教师指导	45 分钟
6	参考总图，理清组装顺序，先组装内部零部件，组装主轴及轴承。检查是否有未装零件，检查组装是否合理、正确和适度		学员为主互相检查	45 分钟
7	拆装过程中，做好各零部件分类、清洗、记录等		学员为主，教师指导	15 分钟

续表

序　号	内　　　　容	方　　式	时　间　分　配
8	组装过程中，在教师指导下，解决碰到的问题，并鼓励学生互相讨论，自己解决	学员为主；教师引导	10 分钟
9	小组成员交叉检查并填写实习实训项目（单元）检查单	学员为主	10 分钟
10	教师给学员评分	教师评定	10 分钟
执行人签名		教师签名	教学组长签名

表 6-6　培训项目（单元）设备、工具准备单

项目（单元）设备、工具准备单		项目（单元）名称	项目执行人	编　　号
		搬运安装单元的拆装		
班 级 名 称		开 始 时 间	结 束 时 间	
班 级 人 数				
项目（单元）设备、工具				
类　　型	序　　号	名　　　称	型　　号	台（套）数	备　　注

项目（单元）设备、工具准备单	项目（单元）名称		项目执行人	编　　号
	搬运安装单元的拆装			
班 级 名 称	开 始 时 间		结 束 时 间	
班 级 人 数				
项目（单元）设备、工具				

类　　型	序　　号	名　　　称	型　　号	台（套）数	备　　注
设备	1	自动生产线实训装置	THMSRX-3 型	3 套	每个工作站安排 2 人（实验室提供）
工具	1	数字万用表	9205	1 块	实训场备
	2	十字螺丝刀	8、4 寸	2 把	
	3	一字螺丝刀	8、4 寸	2 把	
	4	镊子		1 把	
	5	尖嘴钳	6 寸	1 把	
	6	扳手			
	7	内六角扳手		1 套	
执行人签名	教师签名		教学组长签名	

备注：所有工具按工位分配。

表 6-7　培训项目（单元）检查单

项目（单元）名称		项目指导老师	编　　号
搬运安装单元的拆装			
班 级 名 称	检 查 人	检 查 时 间	检 查 评 等

检 查 内 容	检 查 要 点	评　　价
参与查找资料，掌握生产线的工作站单元总图、气动回路原理图、安装接线图	能读懂图并且速度快	
列出单元机械组成、各零件数量、型号等	名称正确，了解结构	
工具摆放整齐	操作文明规范	
工具的使用	识别各种工具，掌握正确的使用方法	
拆卸、组装各机械零部件、控制部件	熟悉和掌握安全操作常识，掌握零部件拆装后的正确放置、分类及清洗方法	

续表

检 查 内 容	检 查 要 点	评 价
装配所有零部件	检查是否有未装零件，检查组装是否合理、正确和适度	
调试时操作顺序	机械部件状态（如运动时是否干涉，连接是否松动），气管连接状态	
调试成功	工作站各机械能正确完成工作（装配到位，密封良好，转动自如）	
拆装出现故障	排除故障的能力以及对待故障的态度	
与小组成员合作情况	能否与其他同学和睦相处，团结互助	
遵守纪律方面	按时上、下课，中途不溜岗	
地面、操作台干净	接线完毕后能清理现场的垃圾	
小组意见		
教师审核		
被检查人签名	教师评等	教师签名

任务二 搬运安装单元电气控制拆装与调试

子任务一 电气控制线路的分析和拆装 完成搬运安装单元布线

1. 任务目的

（1）掌握电路的基础知识、注意事项和基本操作方法。
（2）能正确使用常用接线工具。
（3）能正确使用常用测量工具（如万用表）。
（4）掌握电路布线技术。
（5）能安装和维修各个电路。
（6）掌握 PLC 外围直流控制及交流负载线路的接法及注意事项。

2. 实训设备

THMSRX-3 型 MES 网络型模块式柔性自动化生产线实训系统（8 站）。

3. 工艺流程

（1）根据原理图、气动原理图绘制接线图，可参考实训台上的接线。
（2）按绘制好的接线图，研究走线方法，并进行板前明线布线和套编码管。
（3）根据绘制好的接线图完成实训台台面、网孔板的接线。
（4）按图6-23检测电路，经教师检查后，通电可进行下一步工作。

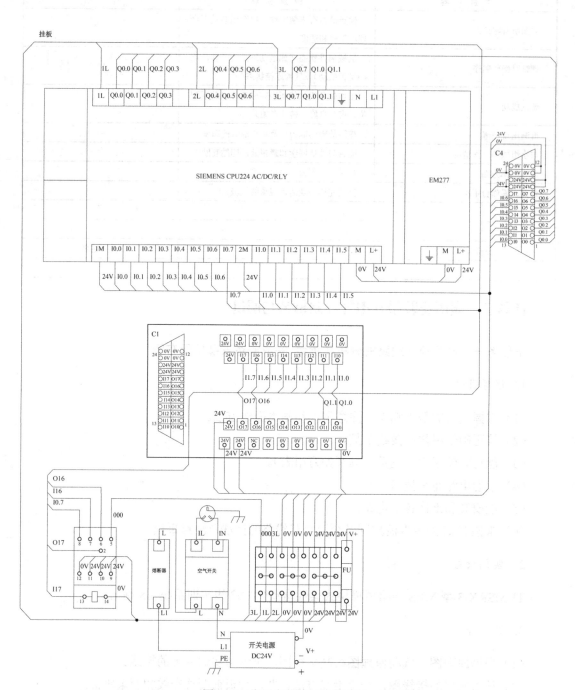

图 6-23　搬运安装单元的接线图

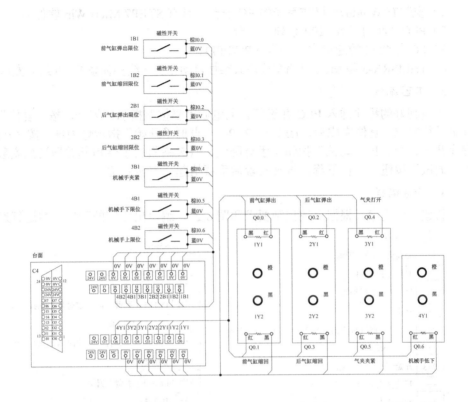

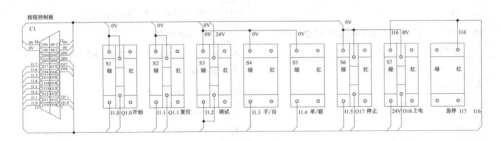

图6-23 搬运安装单元的接线图（续）

子任务二 编写搬运安装单元控制程序

1. 任务目的

利用所学的指令完成搬运安装单元程序的编制。

2. 实训设备

1）安装有 Windows 操作系统的 PC 一台（具有 STEP7 MicroWin 软件）。

2）PLC（西门子 S7-200 系列）一台。

3）PC 与 PLC 的通信电缆一根（PC/PPI）。

4）THMSRX-3 型 MES 网络型模块式柔性自动化生产线实训系统（8 站）搬运安装单元。

3. 工艺流程

将编制好的程序送入 PLC 并运行。上电后"复位"指示灯闪烁，按"复位"按钮，各气缸进行复位，复位完成后，1B2=1、2B2=1，此时"开始"指示灯闪烁；按"开始"按钮，程序开始运行。按"调试"按钮，手臂降低，气夹夹紧后手臂抬起并搬运到安装位置，再按"调试"按钮，手臂下降，气夹夹紧后手臂抬起，右转到位。

4. 任务编程

新建一个程序，根据上述控制要求和图 6-24，编写出相应的程序，并运行通过。

图 6-24 搬运安装单元顺序控制功能图

5. 搬运安装单元电气控制拆装任务书

见表 6-8 至表 6-11。

表 6-8 培训项目（单元）培养目标

项目（单元）任务单		项目（单元）名称	项目执行人	编号
		搬运安装单元电气控制拆装		
班级名称		开始时间	结束时间	总学时
班级人数				180 分钟
项目（单元）培养内容				
模块	序号	内　容		
知识目标	1	掌握 PLC 软件及基本指令的应用		
	2	掌握自动生产线控制程序的编写方法		
	3	掌握 PLC 控制系统的总体构建方法		
能力目标	1	知道 PLC 在自动生产线中的应用		
	2	能进行 PLC 电气系统图的识图、绘制，以及硬件电路接线		
	3	会进行自动生产线 PLC 控制程序的编写及调试		
	4	能解决编程过程中遇到的实际问题		
	5	能锻炼学生的自我学习能力和创新能力		
执行人签名		教师签名		教学组长签名

表 6-9 培训项目（单元）执行进度单

项目（单元）执行进度单		项目（单元）名称	项目执行人	编　号
		搬运安装单元电气控制拆装		
班级名称		开始时间	结束时间	总　学　时
班级人数				180 分钟
项目（单元）执行进度				
序号	内　容		方　式	时间分配
1	根据实际情况调整小组成员，布置实训任务		教师安排	5 分钟
2	小组讨论，查找资料，根据生产线的工作站单元硬件连线图、软件控制电路原理图，列出单元控制部分组成、各元件数量、型号等		学员为主，教师点评	10 分钟
3	根据 I/O 分配及硬件连线图，完成 PLC 的外部线路连接		学员为主，教师点评	10 分钟
4	根据控制要求及 I/O 分配，对 PLC 进行编程		学员为主；教师指导	45 分钟
5	检查硬件线路并对出现故障进行排除		学员为主；互相检查	45 分钟
6	画出程序流程图或顺序功能图，并做好记录，以备调试程序时参考		学员为主；教师指导	20 分钟
7	检查程序，并依据出现的问题对程序做出调整，直到满足控制要求为止		学员为主；教师指导	15 分钟
8	实训过程中，在教师指导下，解决碰到的问题，并鼓励学生互相讨论，自己解决		学员为主；教师引导	10 分钟
9	小组成员交叉检查并填写实习实训项目（单元）检查单		学员为主	10 分钟
10	教师给学员评分		教师评定	10 分钟
执行人签名		教师签名		教学组长签名

表 6-10　培训项目（单元）设备、工具准备单

项目（单元）设备、工具准备单			项目（单元）名称		项目执行人	编　号
			搬运安装单元电气控制拆装			
班级名称			开始时间		结束时间	
班级人数						
项目（单元）设备、工具						
类型	序号	名称	型号	台（套）数		备注
设备	1	自动生产线实训装置	THMSRX-3 型	3 套		每个工作站安排 2 人（实验室提供）
工具	1	数字万用表	9205	1 块		实训场备
	2	十字螺丝刀	8、4 寸	2 把		
	3	一字螺丝刀	8、4 寸	2 把		
	4	镊子		1 把		
	5	尖嘴钳	6 寸	1 把		
	6	扳手				
	7	内六角扳手		1 套		
执行人签名		教师签名		教学组长签名		

备注：所有工具按工位分配。

表 6-11　培训项目（单元）检查单

项目（单元）名称		项目指导老师		编　号
搬运安装单元电气控制拆装				
班级名称		检查人	检查时间	检查评等
检查内容		检查要点		评　价
参与查找资料，掌握生产线的工作站单元硬件连线图、I/O 分配原理图、程序流程图		能读懂图并且速度快		
列出单元 PLC 的 I/O 分配、各元件数量、型号等		名称正确，和实际的一一对应		
工具摆放整齐		操作文明规范		
万用表等工具的使用		识别各种工具，掌握正确使用方法		
传感器等控制部件的正确安装		熟悉和掌握安全操作常识，以及器件安装后的正确放置、连线及测试方法		
装配所有器件后，通电联调		检查是否能正确动作，对出现的故障能否排除		
调试程序时的操作顺序		是否有程序流程图，调试是否有记录以及故障的排除		
调试成功		工作站各部分能正确完成工作，运行良好		
硬件及软件出现故障		排除故障的能力以及对待故障的态度		
与小组成员合作情况		能否与其他同学和睦相处，团结互助		
遵守纪律方面		按时上、下课，中途不溜岗		
地面、操作台干净		接线完毕后能清理现场的垃圾		
小组意见				
教师审核				
被检查人签名		教师评等		教师签名

任务三 搬运安装单元的调试及故障排除

在机械拆装以及电气控制电路的拆装过程中，应进一步了解掌握设备调试的方法、技巧及注意点，培养严谨的作风，做到以下几点。

（1）所用工具的摆放位置正确，使用方法得当。

（2）注意所用各部分器件的好坏及归零。

（3）注意各机械设备的配合动作及电动机的平衡运行。

（4）电气控制电路的拆装过程中，必须认真检查线路的连接。重点检查电源线的走向。

（5）在程序下载前，必须认真检查。重点检查各个执行机构之间是否会发生冲突，如有冲突，应立即停下，认真分析原因（机械、电气、程序等）并及时排除故障，以免损坏设备。

（6）总结经验，把调试过程中遇到的问题、解决的方法记录于表6-12。

表 6-12 调试运行记录表

结果＼观察项目＼观察步骤	平移工作台	塔吊臂	机械手	齿轮传动	齿条传动	信号灯	气缸	工业导轨	PLC	单元动作
各机械设备的动作配合										
各电气设备是否正常工										
电气控制线路的检查										
程序能否正常下载										
单元是否按程序正常运										
故障现象										
解决方法										

表6-13用于评分。

表 6-13 总评分表

班级 第 组			评分标准	学生自评	教师评分	备注
评分内容		配分				
搬运安装单元	工作计划 材料清单 气路图 电路图 接线图 程序清单	12	没有工作计划扣2分；没有材料清单扣2分；气路图绘制有错误的扣2分；主电路绘制有错误的，每处扣1分；电路图符号不规范，每处扣1分			
	零件故障和排除	10	平移工作台、塔吊臂、机械手、齿轮齿条传动、工业导轨、开关电源、可编程序控制器、按钮、I/O接口板、通信接口板、电气网孔板、电磁阀及气缸等零件没有测试以确认好坏而予以维修或更换，每处扣1分			
	机械故障和排除	10	错误调试导致平移工作台不能运行，扣6分			
			齿轮齿条传动调整不正确，每处扣1.5分			
			气缸调整不恰当，扣1分			
			有紧固件松动现象，每处扣0.5分			

续表

评分内容		配分	评分标准	学生自评	教师评分	备注
搬运安装单元	气路连接故障和排除	10	气路连接未完成或有错，每处扣2分			
			气路连接有漏气现象，每处扣1分			
			气缸节流阀调整不当，每处扣1分			
			气管没有绑扎或气路连接凌乱，扣2分			
	电路连接故障和排除	20	不能实现要求的功能、可能造成设备或元件损坏，1分/处，最多扣4分			
			没有必要的限位保护、接地保护等，每处扣1分，最多扣3分			
			必要的限位保护未接线或接线错误扣1.5分			
			端子连接，插针压接不牢或超过2根导线，每处扣0.5分；端子连接处没有线号，每处扣0.5分，两项最多扣3分；电路接线没有绑扎或电路接线凌乱，扣1.5分			
	程序的故障和排除	20	按钮不能正常工作，扣1.5分			
			上电后不能正常复位，扣1分			
			参数设置不对，不能正常和PLC通信，扣1分			
			指示灯亮灭状态不满足控制要求，每处扣0.5分			
单元正常运行工作	初始状态检查和复位，系统正常停止	8	运行过程缺少初始状态检查，扣1.5分；初始状态检查项目不全，每项扣0.5分；系统不能正常运行扣2分；系统停止后，不能再启动扣0.5分			
职业素养与安全意识		10	现场操作安全保护符合安全操作规程；工具摆放、包装物品、导线线头等的处理符合职业岗位的要求；团队有分工有合作，配合紧密；遵守纪律，尊重工作人员，爱惜设备和器材，保持工位的整洁			
总 计		100				

6.4 重点知识、技能归纳

（1）S7-300/400PLC 是国内应用最广、市场占有率最高的大中型 PLC。很多同学都觉得 S7-300/400 不容易入门，自学非常困难。实际上使用 S7-PLCSIM 这一功能强大、使用方便的仿真软件，可以在通用计算机上进行仿真实验，模拟 PLC 硬件的运行和执行用户程序。仿真实验和硬件实验时观察到的现象几乎完全一样，是学习 S7-300/400PLC 的理想工具。如果不动手用编程软件和仿真软件（或 PLC 的硬件）进行操作，只是阅读教材或 PLC 的用户手册，不可能学会 PLC。看十遍书不如动一次手，本书的特点是强调通过实际操作来学习。

（2）学习此部分内容时应通过训练熟悉搬运安装单元的结构与功能，亲身实践自动生产线的 S7-300 等控制技术，并使这些技术融会贯通。

6.5 工程素质培养

（1）什么是扫描循环时间？简述 PLC 的循环处理过程。

（2）硬件组态的任务是什么？

（3）信号模块是哪些模块的总称？

（4）怎样在 S7-PLCSIM 中模拟按钮信号的操作？

（5）认真执行培训项目（单元）执行进度记录，归纳搬运安装单元 PLC 控制调试中的故障原因及排除故障的思路。

（6）PI/PQ 与 I/Q 有什么区别？位逻辑指令可以使用 PI/PQ 存储区的地址吗？

（7）在机械拆装以及电、气动控制电路的拆装过程中，进一步掌握传感器各元件安装、调试的方法和技巧，并组织小组讨论和各小组之间的交流。

项目七　安装单元

7.1　安装单元项目引入

1. 主要组成与功能

安装单元由吸盘机械手、摇臂部件、旋转气缸、料仓换位部件、工件推出部件、真空发生器、开关电源、可编程序控制器、按钮、I/O 接口板、通信接口板、电气网孔板、多种类型电磁阀及气缸组成（见图 7-1），可选择要安装工件的料仓，将工件从料仓中推出，将工件安装到位。

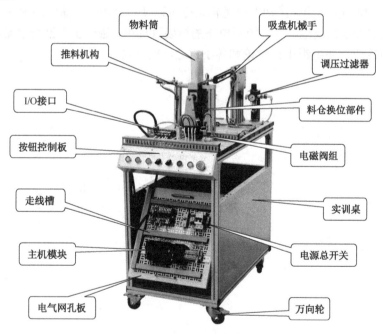

图 7-1　安装单元总图

（1）吸盘机械手：利用真空负压原理吸取物料。

（2）摇臂部件：带动吸盘机械手前后摆动。

（3）旋转气缸：摇臂部件的执行机构。

（4）料仓换位部件：用于黑白工件的选择。

（5）工件推出部件：将黑白工件推出。

（6）磁性传感器：用于气缸的位置检测。当检测到气缸准确到位后将给 PLC 发出一个到位信号（磁性传感器接线时注意蓝色接 "-"，棕色接 "PLC 输入端"）。

（7）单杆气缸 1：由单向气动电控阀控制。当气动电控阀得电，气缸伸出，进行料仓换位。

（8）单杆气缸 2：由单向气动电控阀控制。当气动电控阀得电，气缸伸出，将黑白小工件推出。

（9）安装支架：用于安装提升气缸及各个检测传感器。

（10）控制按钮板：用于系统的基本操作、单机控制、联机控制。

（11）电气网孔板：主要安装 PLC 主机模块、空气开关、开关电源、I/O 接口板及各种接线端子等。

2. 主要技术指标

控制电源：直流 24V/4.5A。

PLC 控制器：西门子。

电磁阀：4V110-06、4V120-06、4V130C-06。

调速阀：出气节流式。

磁性传感器：D-C73L。

单杆气缸：CDJ2B16-60、CDRQ2BS20-180C。

3. 工艺流程

安装搬运单元将工件搬运到安装工位后，吸盘手臂先从小工件物料台转到安装工位，待小工件推料气缸将小工件推入到小工件物料台上后再转回，转动到位后吸盘对准小工件，真空发生器动作，将小工件吸住，吸盘手臂再次从小工件物料台转到安装位，把小工件放置到位后，真空发生器释放，吸盘手臂退回，完成小工件安装。等待安装搬运单元搬运。

7.2 安装单元项目知识准备——S7-300 的系统结构

任务一 S7-300/200 的用户程序结构

1. 功能与功能块

1）逻辑块

CPU 循环执行操作系统程序，每次循环都要调用一次主程序 OB1。STEP7 将用户编写的程序和程序所需的数据放置在块中，OB、FB、FC、SFB 和 SFC 都是有程序的块，称为逻辑块（见表 7-1）。逻辑块类似于子程序，使用户程序结构化，可以简化程序组织，使程序易于修改、查错和调试。程序运行时所需的数据和变量存储在数据块中。

表 7-1　用户程序中的块

块 的 类 型		简 要 描 述
逻辑块	组织块（OB）	操作系统与用户程序的接口，决定用户程序的结构
	功能块（FB）	用户编写的包含经常使用的功能的子程序，有专用的存储区（背景数据块）
	功能（FC）	用户编写的包含经常使用的功能的子程序，没有专用的存储区
	系统功能块（SFB）	集成在 CPU 模块中，通过 SFB 调用系统功能，有专用的存储区（背景数据块）
	系统功能（SFC）	集成在 CPU 模块中，通过 SFC 调用系统功能，没有专用的存储区
数据块	背景数据块（DI）	用于保存 FB 和 SFB 的输入、输出参数和静态变量，其数据是自动生成的
	共享数据块（DB）	存储用户数据的数据区域，供所有的逻辑块共享

　　系统功能块和系统功能集成在 S7 的 CPU 操作系统中，不占用程序空间。它们是预先编好程序的逻辑块，可以在用户程序中调用这些块，但是用户不能打开和修改它们。FB 和 SFB 有专用的存储区，其变量保存在指定给它们的背景数据块中。FC 和 SFC 没有背景数据块。

　　逻辑块可以调用 OB 之外的逻辑块，被调用的块又可以调用别的块，称为嵌套调用。

　　如果出现中断事件，CPU 将停止当前正在执行的程序，去执行中断事件对应的组织块（即中断程序）。执行完后，返回到程序中断处继续执行。

　　2）数据块

　　数据块是用于存放执行用户程序时所需数据的数据区。与逻辑块不同，数据块没有指令，STEP7 按数据生成的顺序自动地为数据块中的变量分配地址。

子任务一　功能的生成与调用

1. 生成功能

　　用新建项目向导生成名为"FC 例程"的项目，CPU 为 CPU315-2DP。执行 SIMATIC 管理器的菜单命令"插入"→"S7 块"→"功能"（见图 7-2），出现"属性-功能"对话框，默认的名称为 FC1，设置"创建语言"为 LAD（梯形图）。单击"确定"按钮后，在 SIMATIC 管理器右边窗口出现 FC1。

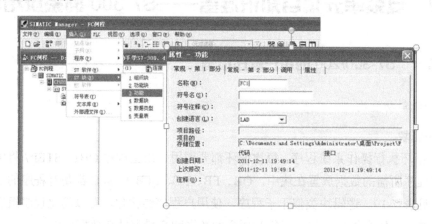

图 7-2　生成功能

2. 生成局部数据

双击打开 FC1（见图 7-3），在程序区最上面的分隔条上按住鼠标的左键，往下拉动分隔条，分隔条上面是功能的变量声明表，下面是程序区，左边是指令列表和库。将水平分隔条拉至程序编辑器视窗的顶部，不再显示变量声明表（但是它仍然存在）。

图 7-3 程序编辑器

在变量声明表中声明（即定义）局部变量，局部变量只能在它所在的块中使用。块的局部变量名必须以英语字母开始，只能由字母、数字和下画线组成，不能使用汉字。

由图 7-3 可知，功能有 5 种局部变量：

（1）IN：由调用它的块提供的输入参数。

（2）OUT：返回给调用它的块的输出参数。

（3）IN_OUT（输入输出参数）：初值由调用它的块提供，块执行后返回给调用它的块。

（4）TEMP（临时数据）：暂时保存在局部数据堆栈中的数据。只是在执行块时使用的临时数据，执行完后，不再保存临时数据的数值（它可能被别的数据覆盖）。

（5）RETURN 中的 RET_VAL（返回值），属于输出参数。

选中变量声明表左边窗口中的"IN"，在变量声明表的右边窗口输入参数的名称 START（启动按钮），按回车键后，自动生成数据类型 BOOL（二进制的位）。该参数的下面出现空白行，输入第二个 BOOL 型的参数 STOP（停止按钮）。用同样的方法，生成 BOOL 型的输出参数 MOTOR（电动机）。

单击某个数据的"数据类型"列，再单击该单元左边出现的圈按钮，可以选用打开的数据类型列表中的数据类型（见图 7-3）。

在变量声明表中赋值时，不需要指定存储器地址；根据各变量的数据类型，程序编辑器自动地为所有局部变量指定存储器地址。

3. 生成功能中的程序

在变量声明表下面的程序区生成梯形图程序（见图7-3），STEP7 自动地在局部变量的前面添加#号，例如"#START"。

4. 调用功能的仿真实验

双击打开 SIMATIC 管理器中的 OB1，打开程序编辑器左边窗口中的文件夹 FC 块，将其中的 FC1 拖放到右边的程序区的"导线"上。FC1 的方框中左边的 START 等是在 FC1 的变量声明表中定义的输入参数，右边的 MOTOR 是输出参数。它们被称为 FC 的形式参数，简称为形参，形参在 FC 内部的程序中使用。别的逻辑块调用 FC 时，需要为每个形参指定实际的参数（简称为实参），例如，为形参 START 指定的实参为 I0.0（见图7-4）。

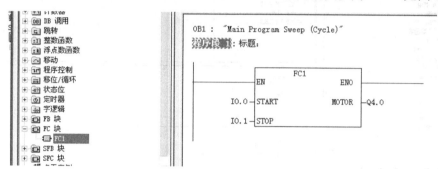

图7-4 在 OB1 中调用功能

打开 S7-PLCSIM，将所有的逻辑块下载到仿真 PLC，将仿真 PLC 切换到 RUN-P 模式。打开 OB1，启动程序状态监控功能（见图7-4）。

单击 S7-PLCSIM 中 I0.0 对应的小方框，模拟按下启动按钮。图7-4 中 I0.0 的值变为1。I0.0 的状态变化传递给 FC1 的形参 START，如果监控 FC1 内部的程序（见图7-5），可以看到因为 START 的常开触点闭合，使 MOTOR 的线圈通电。它的值返回给它对应的实参 Q4.0，图7-4 中 Q4.0 的值变为1。再单击一次，令 I0.0 为 0 状态，模拟放开启动按钮。

单击两次 PLCSIM 中 I0.1 对应的小方框，模拟按下和放开停止按钮。由于 FC1 中程序的作用，FC1 的输出参数 MOTOR 和它的实参 Q4.0 的值变为 0 状态。

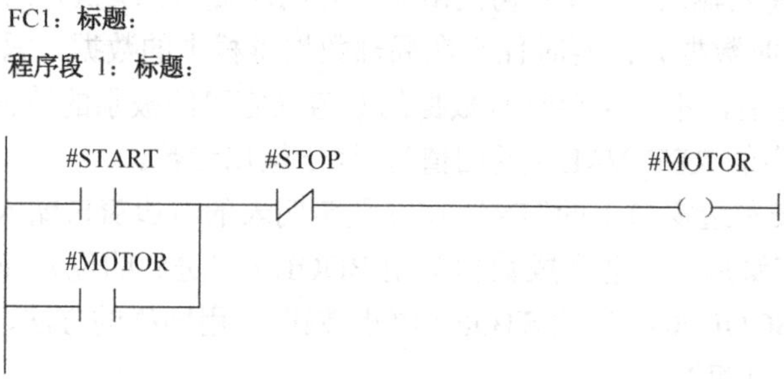

FC1: 标题:

程序段 1: 标题:

```
    #START        #STOP                              #MOTOR
  ───┤ ├──────────┤/├──────────────────────────────────( )───┤
    #MOTOR
  ───┤ ├───┘
```

图7-5 FC1 的程序状态

5. 功能的返回值

FC1 的局部变量表中的返回值 RETVAL 是自动生成的，可以看到它没有初始的数据类型。在调用 FC1 时，方框内没有 RETVAL。在变量声明表中将它设置为任意的数据类型，在其他逻辑块中调用 FC1 时，可以看到 FC1 方框内右边出现了形参 RETVAL。由此可知 RETVAL 属于 FC 的输出参数。

自己做一做：

设计求圆周长的功能 FC2，FC2 的输入参数为直径 Diameter（INT 型整数），圆周率取 3.14159，用整数运算指令计算圆的周长，存放在双字输出参数 Perimeter 中。TMP1 是 FC2 中的双字临时局部变量。在 OB1 中调用 FC2，直径的输入值为常数 10000，存放圆周长的地址为 MD8。打开 S7-PLCSIM，将所有的逻辑块下载到仿真 PLC，将仿真 PLC 切换到 RUN-P 模式。打开 OB1，启动程序状态监控功能。观察 MD8 中的运算结果是否正确。

子任务二　功能块的生成与调用

1. 生成功能块

功能块是用户编写的有自己的存储区（背景数据块）的逻辑块，功能块的输入、输出参数和静态变量（STAT）用指定的背景数据块（DI）存放，临时变量存储在局部数据堆栈中。功能块执行完后，背景数据块中的数据不会丢失，但是不会保存它的临时变量。

调用功能块和系统功能块时需要为它们指定一个背景数据块，后者随功能块的调用而打开，在调用结束时自动关闭。

用新建项目向导生成一个名为"FB 例程"的项目，CPU 为 CPU315-2DP。执行 SIMATIC 管理器的菜单命令"插入"→"S7 块"→"功能块"，出现"属性—功能块"对话框（见图 7-6），默认的名称为 FB1，将创建语言设置为 LAD（梯形图）。单击"多情景标题"（有的版本为"多重背景功能"）复选框，去掉其中的 √，取消多重背景功能。单击"确定"按钮后，在 SIMATIC 管理器右边窗口出现 FB1。

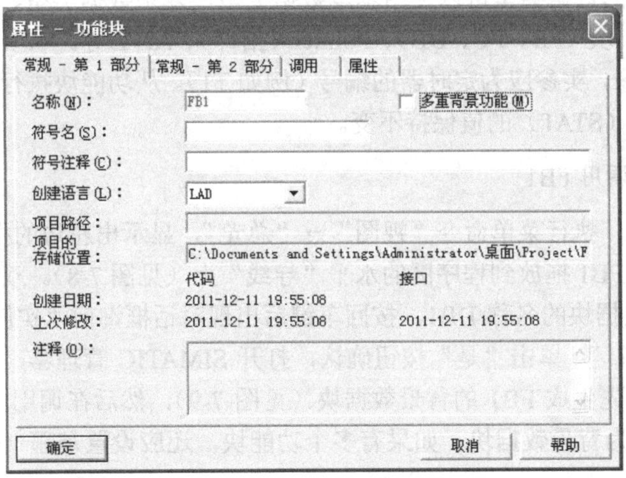

图 7-6　FB1 的属性对话框

2. 生成局部变量

控制要求如下：用输入参数"Start"（启动按钮）和"Stop"（停止按钮）控制输出参数"Motor"（电动机）。按下停止按钮，输入参数 TOF，指定的断电延时定时器开始定时，输出参数"Brake"（制动器）为 1 状态，达到设置的时间预置值后，停止制动。图 7-7 的上面是 FB1 的变量声明表，下面是程序。

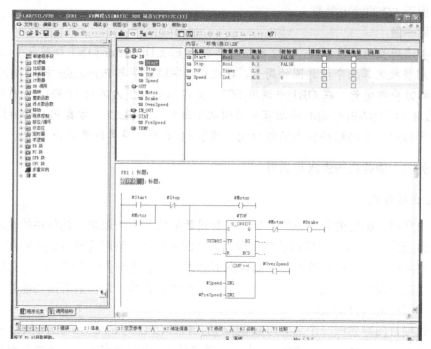

图 7-7　FB1 的局部变量表与程序

输入参数 Speed（实际转速）与静态变量 PreSpeed（预置转速）比较，实际转速大于预置转速时，输出参数 OverSpeed（转速过高，BOOL 变量）为 1 状态。

块的形式参数的数据类型可以使用基本数据类型、复杂数据类型、Timer（定时器）、Counter（计数器）、块（FB、FC、DB）、Pointer（指针）、ANY 等。本项目的输入参数 TOF 的数据类型为 Timer，实参应为定时器的编号（例如 T1）。从功能块执行完到下一次重新调用它，其静态变量（STAT）的值保持不变。

3. 在 OB1 中调用 FB1

双击打开 OB1，执行菜单命令"视图"→"总览"，显示出左边的指令列表。打开 FB 文件夹，将其中的 FB1 拖放到程序区的水平"导线"上（见图 7-8）。双击方框上面的红色"???"，输入背景数据块的名称 DB1，按回车键后出现对话框询问"实例数据块 DB1 不存在，是否要生成它？"，单击"是"按钮确认，打开 SIMATIC 管理器，可以看到自动生成的 DB1，也可以首先生成 FB1 的背景数据块（见图 7-9），然后在调用 FB1 时使用它。应设置生成的数据块为背景数据块，如果有多个功能块，还应设置是哪一个功能块的背景数据块。

4. 背景数据块

背景数据块中的变量就是其功能块的局部变量中的 IN、OUT、IN_OUT 和 STAT 变量（见图 7-7 和图 7-10）。功能块的数据永久性地保存在它的背景数据块中，功能块执行完后也不会丢失，以供下次执行时使用。其他代码块可以访问背景数据块中的变量。不能直接删除或修改背景数据块中的变量，只能在它的功能块的变量申明表中删除或修改这些变量。

　　生成功能块的输入、输出参数和静态变量时，它们被自动指定一个初始值，可以修改这些初始值。它们被传送给 FB 的背景数据块，作为同一个变量的初始值。调用 FB 时没有指定实参的形参使用背景数据块中的初始值。

5. 仿真实验

　　打开 S7-PLCSIM，将所有的块下载到仿真 PLC，将仿真 PLC 切换到 RUN-P 模式。打开 OB1，单击工具栏上的按钮，启动程序状态监控功能（见图 7-8 至图 7-10）。

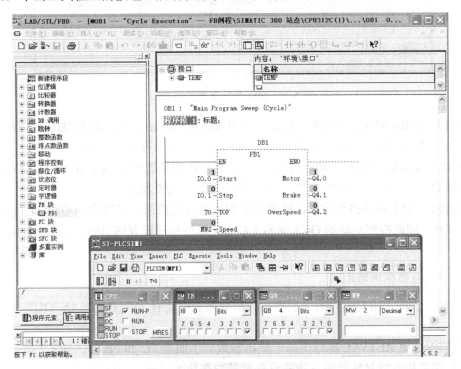

图 7-8　OB1 调用 FB1 的程序状态

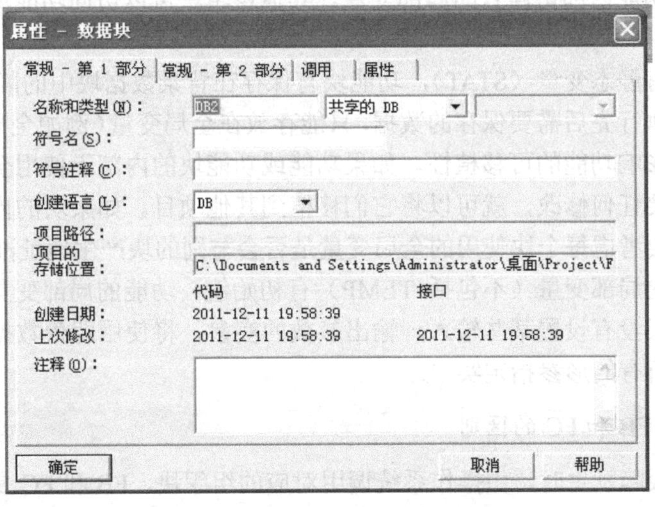

图 7-9　背景数据块的属性对话框

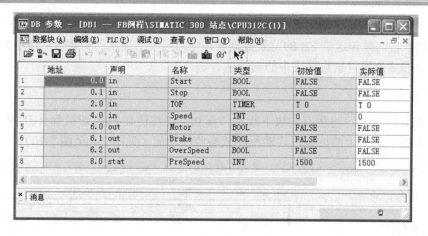

图 7-10　FB1 的背景数据块 DB1

单击两次 I0.0 对应的小方框，模拟按下和放开启动按钮。可以看到 OB1 中 I0.0 的值的变化。由于内部程序的作用，输出参数 Motor 的实参 Q4.0 变为 1 状态。

用 S7-PLCSIM 修改实际转速的值，它大于等于转速预置值 PreSpeed 的初始值 1500 时，输出参数 OverSpeed 和它的实参 Q4.2 为 1 状态，反之为 0 状态。

单击两次 I0.1 对应的小方框，模拟按下和放开停止按钮。可以看到 Q4.0 变为 0 状态，电动机停机。同时控制制动的 Q4.1 变为 1 状态，经过程序设置的延时时间后，Q4.1 变为 0 状态。

6.　功能与功能块的区别

FB 和 FC 均为用户编写的子程序，局部变量表中均有 IN、OUT、IN_OUT 和 TEMP 变量。

FC 的返回值 RETVAL 实际上属于输出参数。下面是 FC 和 FB 的区别。

（1）功能块有背景数据块，功能没有背景数据块。

（2）只能在功能内部访问它的局部变量。其他逻辑块可以访问功能块的背景数据块中的变量。

（3）功能没有静态变量（STAT），功能块有保存在背景数据块中的静态变量。

功能如果有执行完后需要保存的数据，只能存放在全局变量（例如全局数据块和 M 区）中，但是这样会影响功能的可移植性。如果功能或功能块的内部不使用全局变量，只使用局部变量，不需要任何修改，就可以将它们移植到其他项目。如果块的内部使用了全局变量，在移植时需要考虑每个块使用的全局变量是否会与别的块产生地址冲突。

（4）功能块的局部变量（不包括 TEMP）有初始值，功能的局部变量没有初始值。在调用功能块时如果没有设置某些输入、输出参数的实参，将使用背景数据块中的初始值。调用功能时应给所有的形参指定实参。

7.　组织块与 FB 和 FC 的区别

（1）事件或故障发生时，由操作系统调用对应的组织块，FB 和 FC 是用户程序在逻辑块中调用的。

（2）组织块没有输入参数、输出参数和静态参数，只有临时局部变量。组织块自动生成的临时局部变量包含了与触发组织块的事件有关的信息，它们由操作系统提供。

做一做：

在项目"FB 例程"的 OB1 中，再调用一次 FB1，背景数据块为 DB2，注意两次调用时 FB1 的实参的地址不能重叠。

打开 S7-PLCSIM，将所有的块下载到仿真 PLC，将仿真 PLC 切换到 RUN-P 模式。打开 OB1，单击工具栏上的按钮启动程序状态监控功能（见图 7-8）。分别改变两次调用 FB1 的输入参数，观察输出参数的变化是否符合程序的要求。

任务二　技能准备

子任务一　安装单元气动控制

气动控制系统是本工作单元的执行机构，该执行机构的逻辑控制功能是由 PLC 实现的。气动控制回路的工作原理见图 7-11。

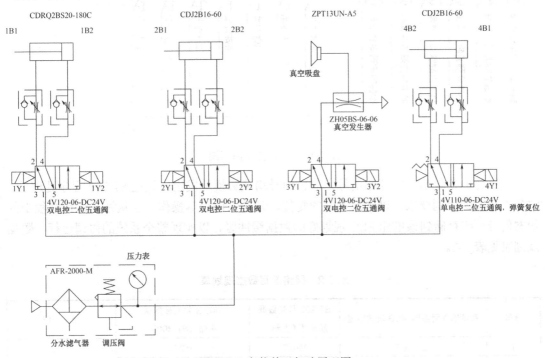

图 7-11　安装单元气动原理图

（1）1B1、1B2 为安装在旋转气缸上的两个极限工作位置的磁性传感器。1Y1、1Y2 为控制旋转气缸的电磁阀。

（2）2B1、2B2 为安装在单杆气缸 1 上的两个极限工作位置的磁性传感器。2Y1、2Y2 为控制单杆气缸 1 的电磁阀。

（3）3Y1、3Y2 为控制吸盘的电磁阀。

（4）4B1、4B2 为安装在单杆气缸 2 上的两个极限工作位置的磁性传感器。4Y1 为控制单杆气缸 2 的电磁阀。

子任务二　安装单元电气控制

PLC 的控制原理图如图 7-12 所示。

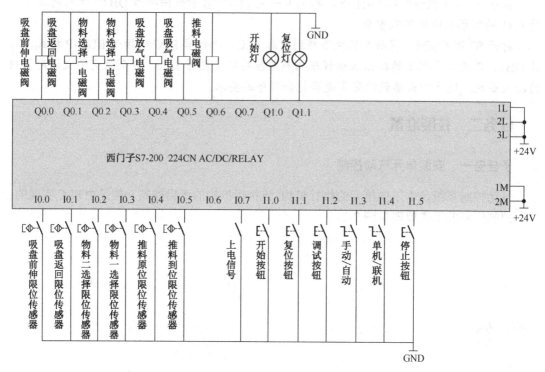

图 7-12　PLC 控制原理图

该单元的复位信号、开始信号、停止信号均从触摸屏发出，经过 S7-300 程序处理后，向各单元发送控制要求，以实现各站的复位、开始、停止等操作。各从站在运行过程中的状态信号，应存储到该单元 PLC 规划好的数据缓冲区，以实现整个系统的协调运行。数据规划表见表 7-2。

表 7-2　网络读写数据规划表

序号	系统输入网络向 MES 发送数据	S7-200 从站数据 从站 1（上料）	300 主站对应数据 主站（S7-300）	功　能
1	上电 I0.7	V10.7	I52.7	安装单元实际的 PLC 的 I/O 分配缓冲区以及该单元的数据缓冲区要和 S7-300 主站硬件组态时的数据缓冲区相对应
2	开始 I1.0	V11.0	I53.0	
3	复位 I1.1	V11.1	I53.1	
4	调试 I1.2	V11.2	I53.2	
5	手动 I1.3	V11.3	I53.3	
6	联机 I1.4	V11.4	I53.4	
7	停止 I1.5	V11.5	I53.5	
8	开始灯 Q1.0	V13.0	I55.0	
9	复位灯 Q1.1	V13.1	I55.1	
10	已经加工	VW8	IW50	

通常的安装过程（通信电缆为标准的 PROFIBUS-DP 电缆）如下。

（1）将 PLC 控制板装入各站小车内。

（2）将控制面板接头插入C1的插槽内。

（3）将PLC控制板上接头C4插入执行部分接线端子的C4插槽内。

（4）使用联机模式时，用通信电缆将各站的 EM277 模块连接起来。

（5）将控制面板上的两个二位旋转开关分别旋至自动和联网状态。

注意！任何一处 DP 接头连接之前，必须关掉电源。

7.3　安装单元项目实施——单元技能训练

1. 训练目的

按照安装单元工艺要求，先按计划进行机械安装与调试，再设计和完成电路的连接，并设计好调试程序和自动连续运行程序。

2. 训练要求

（1）熟悉安装单元的功能及结构组成，并正确安装。

（2）能够根据控制要求设计气动控制回路原理图，安装气动执行器件并调试。

（3）安装所使用的传感器并能调试。

（4）查明 PLC 各端口地址，根据要求编写程序并调试。

（5）安装单元安装与调试时间计划共计 6 个小时，以 2～3 人为一组，并根据表 7-3 进行记录。

表 7-3　工作计划表

步　骤	内　　容	计 划 时 间	实 际 时 间	完 成 情 况
1	整个练习的工作计划			
2	安装计划			
3	线路描述和项目执行图纸			
4	写材料清单和领料及工具			
5	机械部分安装			
6	传感器安装			
7	气路安装			
8	电路安装			
9	连接各部分器件			
10	各部分及程序调试			
11	故障排除			

任务一　安装单元机械拆装与调试

1. 任务目的

（1）锻炼和培养学生的动手能力。

（2）加深对各类机械部件的了解，掌握其机械结构。

（3）巩固和加强机械制图课程的理论知识，为机械设计及其他专业课等后续课程的学习奠定必要的基础。

（4）掌握机械总成、各零部件及其相互间的连接关系、拆装方法和步骤及注意事项。

（5）锻炼动手能力，学习拆装方法和正确地使用常用机、工、量具和专门工具。

（6）熟悉和掌握安全操作常识，掌握零部件拆装后的正确放置、分类及清洗方法，培养文明生产的良好习惯。

7）通过计算机制图，绘制单个零部件图。

2. 任务内容

（1）识别各种工具，掌握正确使用方法。

（2）拆卸、组装各机械零部件、控制部件，如气缸、电动机、转盘、过滤器、PLC、开关电源、按钮等。

（3）装配所有零部件（装配到位，密封良好，转动自如）。

注意：在拆卸零件的过程中整体的零件不允许破坏性拆开，如气缸，丝杆副等。

3. 实训装置

（1）台面：警示灯机构、提升机构、上料机构、执行机构。

（2）网孔板：PLC控制机构、供电机构。

（3）各种拆装工具。

4. 机械原理拆装要求

具体拆卸与组装，先外部后内部，先部件后零件，按装配工艺顺序进行，拆卸的零件按顺序摆放，进行必要的记录、擦洗和清理。装配时按顺序进行，要一次安装到位。每个学生都要动手。

注意：先拆的后装、后拆的先装。

5. 任务步骤

1）拆卸

工作台面：

（1）准备各种拆卸工具，熟悉工具的正确使用方法。

（2）了解所拆卸的机器主要结构，分析和确定主要拆卸内容。

（3）端盖、压盖、外壳类拆卸；接管、支架、辅助件拆卸。

（4）主轴、轴承拆卸。

（5）内部辅助件及其他零部件拆卸、清洗。

（6）各零部件分类、清洗、记录等。

网孔板：

（1）准备各种拆卸工具，熟悉工具的正确使用方法。

（2）了解所拆卸的器件主要分布，分析和确定主要拆卸内容。

（3）主机 PLC、空气开关、熔断丝座、I/O 接口板、转接端子及端盖、开关电源及导轨的拆卸。

（4）注意各元器件分类、元器件的分布结构、记录等。

2）组装

（1）理清组装顺序，先组装内部零部件，组装主轴及轴承。

（2）组装轴承固定环、上料地板等工作部件。

（3）组装内部件与壳体。

（4）组装压盖、接管及各辅助部件等。

（5）检查是否有未装零件，检查组装是否合理、正确和适度。

（6）具体组装可参考图 7-13。

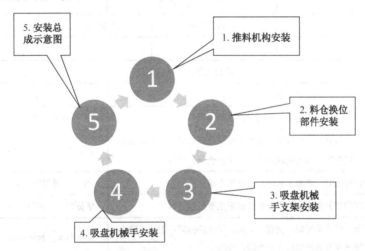

图 7-13　安装单元拆装示意图

6. 安装单元机械拆装任务书

见表 7-4 至表 7-7。

表 7-4　培训项目（单元）培养目标

项目（单元）任务单		项目（单元）名称		项目执行人	编　号
		安装单元的拆装			
班 级 名 称		开 始 时 间	结 束 时 间		总 学 时
班 级 人 数					180 分钟
项目（单元）培养内容					
模　块	序　号	内　　容			
知识目标	1	锻炼和培养学生的动手能力			
	2	掌握机械总成、各零部件及其相互间的连接关系、拆装方法和步骤及注意事项			
	3	学习拆装方法和正确地使用常用机、工、量具和专门工具			

模　块	序　号	内　容
能力目标	1	识别各种工具，掌握正确使用方法
	2	掌握拆卸、组装各机械零部件的方法、控制部件，如气缸、电动机、转盘、过滤器、电磁阀等
	3	熟悉和掌握安全操作常识，掌握零部件拆装后的正确放置、分类及清洗方法，培养文明生产的良好习惯
	4	能强化学生的安全操作意识
	5	能锻炼学生的自我学习能力和创新能力
执行人签名		教师签名　　　　　　　　教学组长签名

表 7-5　培训项目（单元）执行进度单

项目（单元）执行进度单		项目（单元）名称	项目执行人	编　号
		安装单元的拆装		
班级名称		开始时间	结束时间	总学时
班级人数				180 分钟
项目（单元）执行进度				
序号	内　容		方　式	时间分配
1	根据实际情况调整小组成员，布置实训任务		教师安排	5 分钟
2	小组讨论，查找资料，根据生产线的工作站单元总图、气动回路原理图、安装接线图列出单元机械组成、各零件数量、型号等		学员为主，教师点评	20 分钟
3	准备各种拆卸工具，熟悉工具的正确使用方法		学员，器材管理员	10 分钟
4	了解所拆卸的机器主要结构，分析和确定主要拆卸内容		学员为主；教师指导	10 分钟
5	端盖、压盖、外壳类拆卸；接管、支架、辅助件拆卸；主轴、轴承拆卸；内部辅助件及其他零部件的拆卸、清洗		学员为主；教师指导	45 分钟
6	参考总图，理清组装顺序，先组装内部零部件，组装主轴及轴承。检查是否有未装零件，检查组装是否合理、正确和适度		学员为主，互相检查	45 分钟
7	拆装过程中，做好各零部件分类、清洗、记录等		学员为主；教师指导	15 分钟
8	组装过程中，在教师指导下，解决碰到的问题，并鼓励学生互相讨论，自己解决		学员为主；教师引导	10 分钟
9	小组成员交叉检查并填写实习实训项目（单元）检查单		学员为主	10 分钟
10	教师给学员评分		教师评定	10 分钟
执行人签名	教师签名		教学组长签名	

表7-6 培训项目（单元）设备、工具准备单

项目（单元）设备、工具准备单		项目（单元）名称		项目执行人	编 号
		安装单元的拆装			
班 级 名 称		开 始 时 间		结 束 时 间	
班 级 人 数					
项目（单元）设备、工具					
类 型	序 号	名 称	型 号	数 量	备 注
设备	1	自动生产线实训装置	THMSRX-3 型	3套	每个工作站安排2人（实验室提供）
工具	1	数字万用表	9205	1块	实训场备
	2	十字起子	8、4寸	2把	
	3	一字起子	8、4寸	2把	
	4	镊子		1把	
	5	尖嘴钳	6寸	1把	
	6	扳手			
	7	内六角扳手		1套	
执行人签名		教师签名		教学组长签名	

备注：所有工具都按工位分配。

表7-7 培训项目（单元）检查单

项目（单元）名称		项目指导老师		编号
安装单元的拆装				
班 级 名 称	检 查 人	检 查 时 间		检 查 评 等
检 查 内 容	检 查 要 点		评 价	
参与查找资料，掌握生产线的工作站单元总图、气动回路原理图、安装接线图	能读懂图并且速度快			
列出单元机械组成、各零件数量、型号等	名称正确，了解结构			
工具摆放整齐	操作文明规范			
工具的使用	识别各种工具，掌握正确使用方法			
拆卸、组装各机械零部件、控制部件	熟悉和掌握安全操作常识，掌握零部件拆装后的正确放置、分类及清洗方法			
装配所有零部件	检查是否有未装零件，检查组装是否合理、正确和适度			

续表

检 查 内 容	检 查 要 点	评 价
调试时操作顺序	机械部件状态（如运动时是否干涉，连接是否松动），气管连接情况	
调试成功	工作站各机械能正确完成工作（装配到位，密封良好，转动自如）	
拆装出现故障	排除故障的能力以及对待故障的态度	
与小组成员合作情况	能否与其他同学和睦相处，团结互助	
遵守纪律方面	按时上、下课，中途不溜岗	
地面、操作台干净	接线完毕后能清理现场的垃圾	
小组意见		
教师审核		

被检查人签名	教师评等	教师签名

任务二　安装单元电气控制拆装与调试

子任务一　电气控制线路的分析和拆装　完成安装单元布线

1. 任务目的

（1）掌握电路的基础知识、注意事项和基本操作方法。
（2）能正确使用常用接线工具。
（3）能正确使用常用测量工具（如：万用表）。
（4）掌握电路布线技术。
（5）能安装和维修各个电路。
（6）掌握PLC外围直流控制及交流负载线路的接法及注意事项。

2. 实训设备

THMSRX-3 型 MES 网络型模块式柔性自动化生产线实训系统（8 站）。

3. 工艺流程

（1）根据原理图、气动原理图绘制接线图，可参考实训台上的接线。
（2）按绘制好的接线图，研究走线方法，并进行板前明线布线和套编码管。
（3）根据绘制好的接线图完成实训台台面、网孔板的接线.
（4）按图 7-14 检测电路，经教师检查后，可通电进行下一步工作。

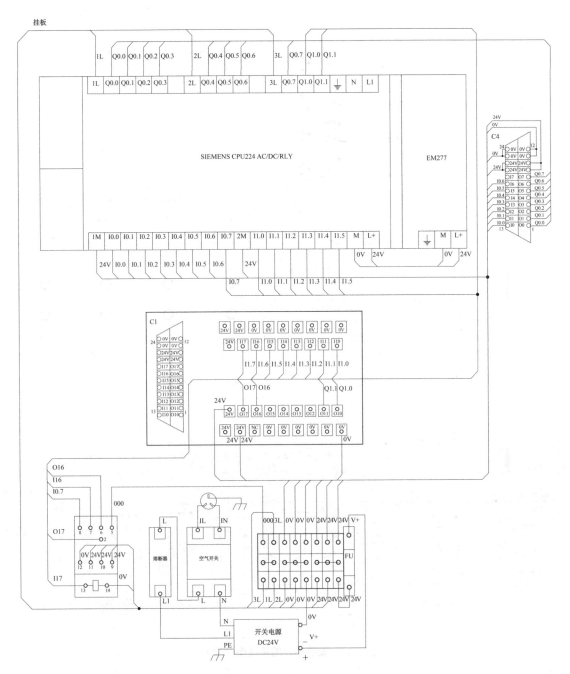

图 7-14 安装单元的接线图

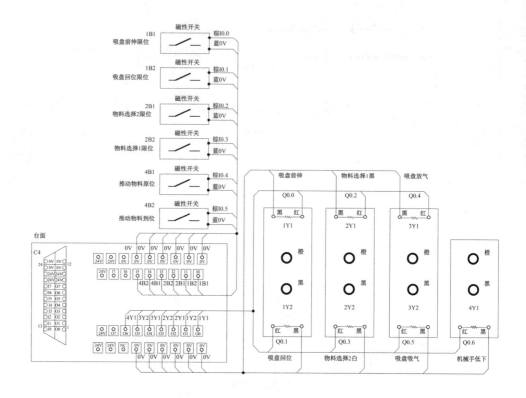

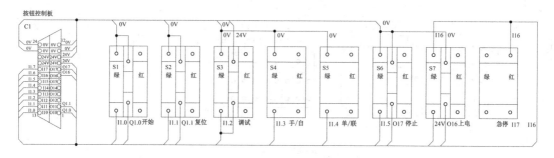

图 7-14　安装单元的接线图（续）

子任务二　编写安装单元控制程序

1. 任务目的

利用所学的指令完成安装单元程序的编制。

2. 实训设备

（1）安装有 Windows 操作系统的 PC 一台（具有 STEP7 MicroWin 软件）。

（2）PLC（西门子 S7-200 系列）一台。

（3）PC 与 PLC 的通信电缆一根（PC/PPI）。

（4）THMSRX-3 型 MES 网络型模块式柔性自动化生产线实训系统（8 站）安装单元。

3. 工艺流程

系统上电后，将本单元"单/联"开关打到"单"，"手/自"开关打到"手"状态。上电后"复位"指示灯闪烁，按"复位"按钮，本单元回到初始位置，同时"开始"指示灯闪烁；按"开始"按钮，等待进入单站工作状态，要运行时，按下"调试"按钮即可按工作流程动作。当出现异常，按下该单元"急停"按钮，该单元会立刻停止运行，当排除故障后，按下"上电"按钮，该单元可接着从刚才的断点继续运行。如工作时突然断电，来电后系统重新开始运行。

4. 任务编程

新建一个程序，根据上述控制要求和图 7-15，编写出相应的程序，并运行通过。

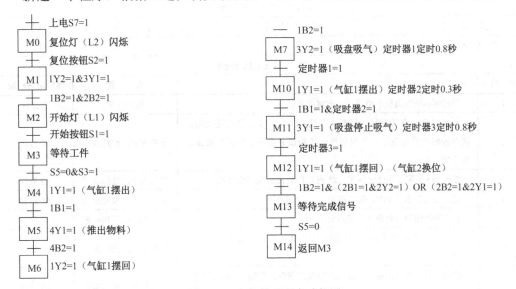

图 7-15　安装单元顺序功能图

5. 安装单元电气控制拆装任务书

见表 7-8 至表 7-11。

表 7-8　培训项目（单元）培养目标

项目（单元）任务单		项目（单元）名称	项目执行人	编号
		安装单元电气控制拆装		
班 级 名 称		开 始 时 间	结 束 时 间	总 学 时
班 级 人 数				180 分钟
项目（单元）培养内容				
模 块	序 号	内 容		
知识目标	1	掌握 PLC 软元件及基本指令的应用		
	2	掌握自动生产线控制程序的编写方法		
	3	掌握 PLC 控制系统的总体构建方法		
能力目标	1	知道 PLC 在自动生产线中的应用		
	2	能进行 PLC 电气系统图的识图、绘制，以及硬件电路接线		
	3	会进行自动生产线 PLC 控制程序的编写及调试		
	4	能解决编程过程中遇到的实际问题		
	5	能锻炼学生的自我学习能力和创新能力		
执行人签名		教师签名		教学组长签名

表 7-9　培训项目（单元）执行进度单

项目（单元）执行进度单		项目（单元）名称	项目执行人	编　号
		安装单元电气控制拆装		
班 级 名 称		开 始 时 间	结 束 时 间	总 学 时
班 级 人 数				180 分钟
项目（单元）执行进度				
序 号	内 容		方 式	时 间 分 配
1	根据实际情况调整小组成员，布置实训任务		教师安排	5 分钟
2	小组讨论，查找资料，根据生产线的工作站单元硬件连线图、软件控制电路原理图，并列出单元控制部分组成、各元件数量、型号等		学员为主，教师点评	10 分钟
3	根据 I/O 分配及硬件连线图，对 PLC 的外部线路完成连接		学员为主，教师点评	10 分钟
4	根据控制要求及 I/O 分配，对 PLC 进行编程		学员为主；教师指导	45 分钟
5	检查硬件线路并对出现的故障进行排除		学员为主；互相检查	45 分钟
6	画出程序流程图或顺序功能图，并写好记录，以备调试程序时参考		学员为主；教师指导	20 分钟
7	检查程序，并对出现的问题对程序做出调整，直到满足控制要求为止		学员为主；教师指导	15 分钟
8	实训过程中，在教师指导下，解决碰到的问题，并鼓励学生互相讨论，自己解决		学员为主；教师引导	10 分钟
9	小组成员交叉检查并填写实习实训项目（单元）检查单		学员为主	10 分钟
10	教师给学员评分		教师评定	10 分钟
执行人签名	教师签名		教学组长签名	

表 7-10　培训项目（单元）设备、工具准备单

项目（单元）设备、工具准备单		项目（单元）名称	项目执行人	编号
		安装单元电气控制拆装		
班级名称		开始时间	结束时间	
班级人数				
项目（单元）设备、工具				
类型	序号	名称	型号	数量	备注

类型	序号	名称	型号	数量	备注
设备	1	自动生产线实训装置	THMSRX-3 型	3 套	每个工作站安排 2 人（实验室提供）
工具	1	数字万用表	9205	1 块	实训场备
	2	十字起子	8、4 寸	2 把	
	3	一字起子	8、4 寸	2 把	
	4	镊子		1 把	
	5	尖嘴钳	6 寸	1 把	
	6	扳手			
	7	内六角扳手		1 套	
执行人签名		教师签名		教学组长签名	

备注：所有工具都是按每个工位分配。

表 7-11　培训项目（单元）检查单

项目（单元）名称		项目指导老师	编　号
安装单元电气控制拆装			
班级名称	检查人	检查时间	检查评等

检查内容	检查要点	评　价
参与查找资料，掌握生产线的工作站单元硬件连线图、I/O 分配原理图、程序流程图	能读懂图并且速度快	
列出单元 PLC 的 I/O 分配、各元件数量、型号等	名称正确，和实际的一一对应	
工具摆放整齐	操作文明规范	
万用表等工具的使用	识别各种工具，掌握正确使用方法	
传感器等控制部件的正确安装	熟悉和掌握安全操作常识，以及器件安装后的正确放置、连线及测试方法	
装配所有器件后，通电联调	检查是否能正确动作，对出现的故障能否排除	
调试程序时的操作顺序	是否有程序流程图，调试是否有记录以及故障的排除	

续表

检 查 内 容	检 查 要 点	评　　价
调试成功	工作站各部分能正确完成工作，运行良好	
硬件及软件出现故障	排除故障的能力以及对待故障的态度	
与小组成员合作情况	能否与其他同学和睦相处，团结互助	
遵守纪律方面	按时上、下课，中途不溜岗	
地面、操作台干净	接线完毕后能清理现场的垃圾	
小组意见		
教师审核		
被检查人签名	教师评等	教师签名

任务三　安装单元的调试及故障排除

在机械拆装以及电气控制电路的拆装过程中，应进一步了解掌握设备调试的方法、技巧及注意点，培养严谨的作风，做到以下几点。

（1）所用工具的摆放位置正确，使用方法得当。

（2）注意所用各部分器件的好坏及归零。

（3）注意各机械设备的配合动作及电动机的平衡运行。

（4）电气控制电路的拆装过程中，必须认真检查线路的连接。重点检查：电源线的走向。

（5）在程序下载前，必须认真检查。重点检查各个执行机构之间是否会发生冲突，如有冲突，应立即停下，认真分析原因（机械、电气、程序等）并及时排除故障，以免损坏设备。

（6）总结经验，把调试过程中遇到的问题，解决的方法记录于表7-12。

表7-12　调试运行记录表

观察步骤 ＼ 观察项目/结果	吸盘机械手	摇臂部件	旋转气缸	料仓换位部件	工件推出部件	真空发生器	气缸	传感器	PLC	单元动作
各机械设备的动作配合										
各电器设备是否正常工作										
电气控制线路的检查										
程序能否正常下载										
单元是否按程序正常运行										
故障现象										
解决方法										

表7-13用于评分。

表 7-13 总评分表

班 级 第 组		评分标准	学生自评	教师评分	备注
评分内容	配分				
安装单元	工作计划 材料清单 气路图 电路图 接线图 程序清单	12	没有工作计划扣 2 分；没有材料清单扣 2 分；气路图绘制有错误的扣 2 分；主电路绘制有错误的，每处扣 1 分；电路图符号不规范，每处扣 1 分			
	零件故障和排除	10	吸盘机械手、摇臂部件、旋转气缸、料仓换位部件、工件推出部件、真空发生器、开关电源、可编程序控制器、按钮、I/O 接口板、通信接口板、电气网孔板、直流减速电动机、电磁阀及气缸等零件没有测试以确认好坏并予以维修或更换，每处扣 1 分			
	机械故障和排除	10	错误调试导致吸盘机械手及旋转气缸不能运行，扣 6 分			
			真空发生器调整不正确，每处扣 1.5 分			
			气缸调整不恰当，扣 1 分			
			有紧固件松动现象，每处扣 0.5 分			
	气路连接故障和排除	10	气路连接未完成或有错，每处扣 2 分			
			气路连接有漏气现象，每处扣 1 分			
			气缸节流阀调整不当，每处扣 1 分			
			气管没有绑扎或气路连接凌乱，扣 2 分			
	电路连接故障和排除	20	不能实现要求的功能、可能造成设备或元件损坏，1 分/处，最多扣 4 分			
			没有必要的限位保护、接地保护等，每处扣 1 分，最多扣 3 分			
			必要的限位保护未接线或接线错误扣 1.5 分			
			端子连接，插针压接不牢或超过 2 根导线，每处扣 0.5 分；端子连接处没有线号，每处扣 0.5 分；两项最多扣 3 分；电路接线没有绑扎或电路接线凌乱，扣 1.5 分			
	程序的故障和排除	20	按钮不能正常工作，扣 1.5 分			
			上电后不能正常复位，扣 1 分			
			参数设置不对，不能正常和 PLC 通信，扣 1 分			
			指示灯亮灭状态不满足控制要求，每处扣 0.5 分			

续表

班级 第 组		评分标准	学生自评	教师评分	备注
评分内容	配分				
单元正常运行工作：初始状态检查和复位，系统正常停止	8	运行过程缺少初始状态检查，扣1.5分；初始状态检查项目不全，每项扣0.5分；系统不能正常运行扣2分；系统停止后，不能再启动扣0.5分			
职业素养与安全意识	10	现场操作安全保护符合安全操作规程；工具摆放、包装物品、导线线头等的处理符合职业岗位的要求；团队合作有分工又合作，配合紧密；遵守赛场纪律，尊重赛场工作人员，爱惜赛场的设备和器材，保持工位的整洁			
总 计	100				

7.4 重点知识、技能归纳

（1）STEP7的程序结构可分为三类：线性程序结构；分块程序结构；结构化程序结构。

（2）三种（基本）编程语言：梯形图 LAD；语句表 STL；功能图 FBD。

（3）OB1 是循环执行的组织块。其优先级最低。PLC 在运行时将反复循环执行 OB1 中的程序，当有优先级较高的事件发生时，CPU 将中断当前的任务，去执行优先级较高的组织块，执行完成以后，CPU 将回到断点处继续执行 OB1 中的程序，并反复循环下去，直到停机或者下一个中断发生。

（4）一般用户主程序写在 OB1 中。FC 和 FB 都是用户自己编写的程序块，用户可以将具有相同控制过程的程序编写在 FC 或 FB 中，然后在主程序 OB1 或其他程序块中（包括组织块和功能、功能块）调用 FC 或 FB。FC 或 FB 相当于子程序的功能，都可以定义自己的参数。FC 没有自己的背景数据块，FB 有自己的背景数据块，FC 的参数必须指定实参，FB 的参数可根据需要决定是否指定实参。SFC 和 SFB 是预先编好的可供用户调用的程序块，它们已经固化在 S7PLC 的 CPU 中，其功能和参数已经确定。一台 PLC 具有哪些 SFC 和 SFB 功能，是由 CPU 型号决定的。具体信息可查阅 CPU 的相关技术手册。通常 SFC 和 SFB 提供一些系统级的功能调用，如通信功能、高速处理功能等。注意：在调用 SFB 时，需要用户指定其背景数据块（CPU 中不包含其背景数据块），并确定将背景数据块下载到 PLC 中。背景 DB 和某个 FB 或 SFB 相关联，其内部数据的结构与其对应的 FB 或 SFB 的变量声明表一致。共享 DB 的主要作用是为用户程序提供一个可保存的数据区，它的数据结构和大小并不依赖于特定的程序块，而是由用户自己定义。需要说明的是，背景 DB 和共享 DB 没有本质的区别，它们的数据可以被任何一个程序块读写。

（5）学习本部分内容时应通过训练熟悉安装单元的结构与功能，亲身实践 STEP7 中编程方法，并使这些方法和思路融会贯通。

7.5　工程素质培养

（1）CPU 检测到错误时，如果没有下载对应的错误处理 OB，CPU 将进入什么模式？

（2）功能和功能块有什么区别？

（3）组织块与其他逻辑块有什么区别？

（4）怎样生成多重背景功能块？怎样调用多重背景功能块？

（5）延时中断与定时器都可以实现延时，它们有什么区别？

（6）认真执行培训项目（单元）执行进度记录，归纳安装单元 PLC 控制调试中的故障原因及排除故障的思路。

（7）在机械拆装以及电、气动控制电路的拆装过程中，进一步掌握气动系统、真空发生器吸盘机械手的安装、调试的方法和技巧，并组织小组讨论和各小组之间的交流。

项目八　分类单元

8.1　分类单元项目引入

1. 主要组成与功能

分类单元由滚珠丝杠、滑杆推出部件、分类料仓、步进电动机、步进驱动器、电感传感器、开关电源、可编程序控制器、按钮、I/O接口板、通信接口板、电气网孔板、多种类型电磁阀及气缸组成，如图8-1所示，可按工件类型分类，将工件推入料仓。

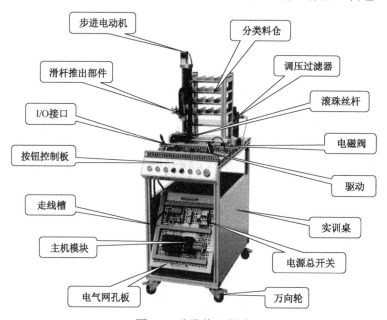

图 8-1　分类单元总图

（1）滑杆推出部件：用于将上站搬运过的物料推入相应的仓位里。

（2）分类料仓：存储机构。

（3）步进电动机：分别控制 X、Y 两轴滚珠丝杠完成仓储位置选择。

（4）步进驱动器：步进电动机的执行机构。

（5）电感传感器：用于 X 轴左限位。

（6）磁性传感器：用于气缸的位置检测。当检测到气缸准确到位后将给 PLC 发出一个到位信号（磁性传感器接线时注意蓝色接"-"，棕色接"PLC输入端"）。

（7）单杆气缸：由单向气动电控阀控制。当气动电控阀得电，气缸伸出，同时将物料推出送至相应的仓储位。

（8）安装支架：用于安装拖链及各个限位开关。

（9）控制按钮板：用于系统的基本操作、单机控制、联机控制。

（10）电气网孔板：主要安装 PLC 主机模块、空气开关、开关电源、I/O 接口板、各种接线端子等。

2. 主要技术指标

控制电源：直流 24V/4.5A。

PLC 控制器：西门子。

步进电动机：42J1834-810。

步进电动机驱动器：二相驱动输出，电流≥1A，细分≥12800 步/圈。

电磁阀：4V110-06。

调速阀：出气节流式。

磁性传感器：D-C73L。

单杆气缸：CDJ2B16-45。

限位开关：V-155-1C25。

电感传感器：GKB-M0524NA。

3. 工艺流程

分类单元货台在等待位置接收到安装搬运单元送入的工件后，根据工件颜色进行分类，并定义仓库位从左至右分为：外白内黑、外白内白、外黑内黑、外黑内白 4 种。根据工件的颜色，货台将工件搬运到相应仓库位后将工件推入仓位，再返回到等待位置。每种工件从第 4 层开始入库，每层在放入 3 个之后放入下层，全部放满之后重新从第 4 层开始。

8.2 分类单元项目准备

任务一 知识准备——PROFIBUS-DP 网络通信

子任务一：西门子工业通信网络

1. 西门子工业通信网络简介

S7-300/400 有很强的通信功能，CPU 模块集成有 MPI 通信接口，有的 CPU 模块还集成有 PROFIBUS-DP、PROFINET 或点对点通信接口，此外还可以使用 PROFIBUS-DP、工业以太网、AS-I 和点对点通信处理器（CP）模块。通过 PROFINET、PROFIBUS-DP 或 AS-I 现场总线，CPU 与分布式 I/O 模块之间可以周期性地自动交换数据。在自动化系统之间，PLC 与计算机和 HMI（人机界面）之间，均可以交换数据。数据通信可以周期性地自动进行，或者基于事件驱动。图 8-2 是西门子的工业自动化通信网络的示意图。

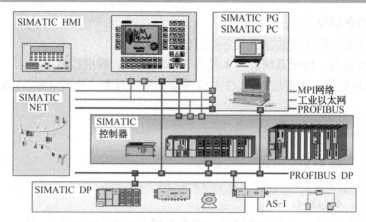

图8-2　西门子的工业自动化通信网络

PROFINET 是基于工业以太网的现场总线，可以高速传送大量的数据。PROFIBUS 用于少量和中等容量数据的高速传送。MPI（多点接口）是 SIMATIC 产品使用的内部通信协议，用于 PLC 之间、PLC 与 HMI（人机界面）和 PG/PC（编程器/计算机）之间的通信，可以建立传送少量数据的低成本网络。点对点通信用于特殊协议的串行通信。AS-I 是底层的低成本网络，通用总线系统 KONNEX（KNX）在欧洲用于楼宇自动控制。IWLAN 是工业无线局域网的缩写。

2. PROFIBUS

西门子通信网络的中间层为工业现场总线 PROFIBUS，它是用于车间级和现场级的国际标准，传输速率最高为 12Mbit/s，响应时间的典型值为 1ms，使用屏蔽双绞线电缆（最长 9.6km）或光缆（最长 90km），最多可以接 127 个从站。

PROFIBUS 是开放式的现场总线，已被纳入现场总线的国际标准 IEC61158，并于 2006 年成为我国首个现场总线国家标准（GB/T20540-2006）。PROFIBUS 提供了下列 3 种通信协议。

（1）PROFIBUS-FMS（现场总线报文规范）主要用于系统级和车间级的不同供应商的自动化系统之间传输数据，处理单元级（PLC和PC）的多主站数据通信，FMS已基本上被以太网取代，现在很少使用。

（2）PROFIBUS-DP（分布式外部设备）特别适合于 PLC 与现场级分布式 I/O 设备（例如西门子的 ET200 和变频器）之间的通信。主站之间的通信为令牌方式，主站与从站之间为主从方式或这两种方式的组合。DP 是 PROFIBUS 中应用最广的通信方式。

（3）PROFIBUS-PA（过程自动化）用于过程自动化的现场传感器和执行器的低速数据传输。由于传输技术采用IEC1158-2标准，确保了本质安全，可以用于防爆区域的传感器和执行器与中央控制系统的通信。PROFIBUS-PA使用屏蔽双绞线电缆，由总线提供电源。

子任务二　通信组态（通过 CP5611 网卡通信）

1. CP5611 的安装

CP5611 卡没有随硬件提供的软件驱动，如果在安装 STEP7 软件之前，CP5611 已经安装在计算机内，那么在安装 STEP7 软件的"Set PG/PC Interface…"时软件会自动识别 CP5611

卡，并且会自动安装其驱动程序，STEP7 软件安装完成后可以在"Set PG/PC Interface…"中找到 CP5611 的接口类型，如果在安装完 STEP7 软件后才在计算机的 PCI 插槽上安装 CP5611 卡，那么重新启动计算机后，系统会自动找到 CP5611，并自动安装，安装完成后启动 STEP7 软件，在"Set PG/PC Interface…"中可以找到 CP5611 相关接口选项，具体如图 8-3 所示。

单击"Select…"按钮，可以看到 CP5611 已经安装，画面如图 8-4 所示。

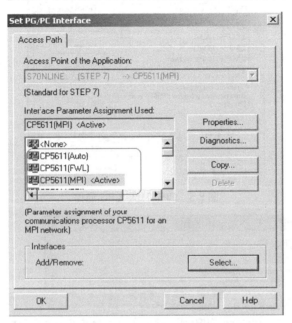

图 8-3　相关接口选项

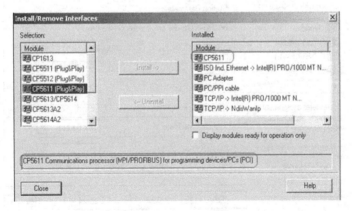

图 8-4　CP5611 安装

2. CP5611 在 STEP7 软件中的选择和设置

首先说明：使用 CP5611 建立与 CPU 的通信时，必须使用 MPI 电缆或是 PROFIBUS 电缆作为 CPU 与 CP5611 的连接电缆。打开"SIMATIC Manager"，单击"Options"，在下拉菜单中选择"Set PG/PC Interface…"，画面如图 8-5 所示。

选择 CP5611(MPI) <Active>，此时显示 S7ONLINE（STEP7）→为 CP5611（MPI），然后单击"Properties"按钮设置 MPI 的属性，设置 MPI 接口的通信波特率为 187.5Kbps，画面如

图 8-6 所示。

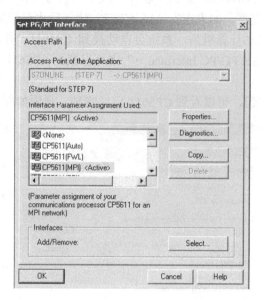

图 8-5　CP5611 与 CPU 通信

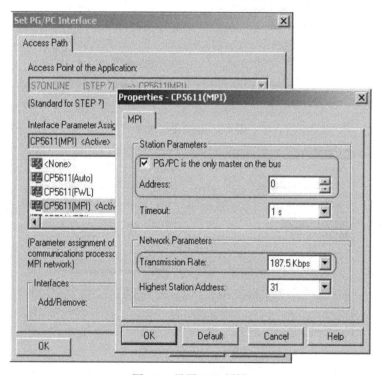

图 8-6　设置 MPI 属性

注意：

此处的波特率一定要和实际要通信的 CPU 的 MPI 口实际波特率相同，同时要注意 PG/PC 的地址不要和 PLC 的地址相同。

使用电缆连接好 CPU 与 CP5611 后可以判断是否能够找到网络上的站点，单击

"Diagnostics"按钮,进入网络诊断画面,然后单击"Read"按钮,可以看到网络上的站点,显示画面如图8-7所示。

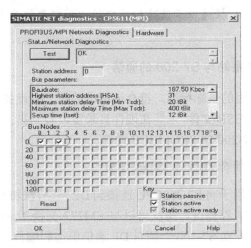

图8-7 网络诊断

设置完成后单击2次"OK",STEP7会提示如图8-8所示信息。单击"OK"完成PG/PC Interface的设置,此时可以建立PC与CPU的通信,正常通信时CP5611卡的指示灯快闪。

图8-8 建立通信

3. 通过PC\MPI通信电缆通信

通过PC\MPI通信电缆通信时,硬件只用通信电缆的接口连接PC的COM口和PLC的MPI口即可。

(1)Step-7软件设置:进入Step-7编程软件主界面,单击"OPTIONS"菜单下的"SET PG/PC INTERFACE"选项进入PG/PC设置界面。

(2)双击"PCADAPTER(AUTO)"或"ADAPTER(MPI)"进入RS232和MPI接口参数设置。单击"LOCAL CONNECTION"选项设置RS232接口参数,正确连接PC的COM口(RS232),选择RS232通信的波特率为19200bps或38400bps。

注意:
这个数值必须和PC/MPI或CP5611适配器上开关设置的数值相同(拨动开关后必须重新上电后方能生效)。

(3)单击"MPI"选项,如果是ADAPTER(MPI)方式,设置适配器MPI接口参数,由于适配器的MPI口的波特率固定为187.5Kbps,所以这里只能设置为187.5Kbps。如果是PC ADAPTER(AUTO)模式,则选择"ADDRESS:0"和"TIMEOUT:30s"。完成以上设置后即可与PLC通信了。

> 注意:
>
> 不要修改 CPU 上 MPI 口波特率的出厂默认值 187.5Kbps（在网络设置"NETWORK SETTINGS"选项下）。在插拔通信卡及通信端口时，一定要把整个系统的电源断掉，否则极易损坏通信端口。

子任务三　组态 DP 主站与 S7-200 的通信

PROFIBUS-DP 是通用的国际标准，符合该标准的第三方设备作为 DP 网络的从站时，需要在 HWConfig 中安装 GSD 文件，才能在硬件目录窗口看到第三方设备并对其进行组态。本工程组态 DP 主站与 S7-200 的 PROFIBUS 通信。

1. PROFIBUS-DP（简称 DP）从站模块 EM277

DP 从站模块 EM277 用于将 S7-200CPU 连接到 DP 网络，波特率为 9600～1200000bit/s。主站可以读写 S7-200 的 V 存储区，每次可以与 EM277 交换 1～128 字节的数据。EM277 只能作为 DP 从站，不需要在 S7-200 一侧对 DP 通信组态和编程。

2. 组态 S7-300 站

用新建项目向导生成一个名为"EM277"的项目，CPU 为 CPU315-2DP。选中 SIMATIC 管理器左边窗口出现的"SIMATIC300 站点"，双击右边窗口中的"硬件"图标，打开硬件组态工具 HWConfig（见图 8-9）。可以看到自动生成的机架和 2 号槽中的 CPU 模块。将电源模块插入 1 号槽，16 点 DI 模块插入 4 号槽，16 点 DO 模块插入 5 号槽。它们分别占用 IW0 和 QW4。

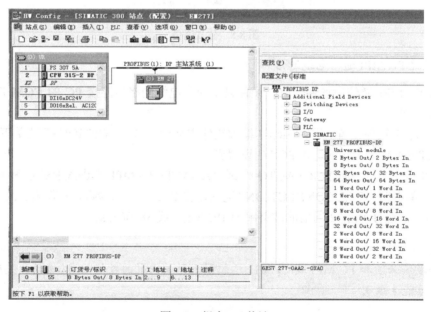

图 8-9　组态 DP 从站

双击"DP"所在的行，单击打开的对话框的"常规"选项卡中的"属性"，在出现的对话框的"参数"选项卡中单击"新建"按钮，生成一个 PROFIBUS-DP 网络，采用默认的网络参数和默认的站地址 2。单击 3 次"确定"按钮，返回 HWConfig。

3. 安装 EM277 的 GSD 文件

EM277 作为 PROFIBUS-DP 从站模块,其有关参数是以 GSD 文件的形式保存的。在对 EM277 组态之前,须安装它的 GSD 文件。EM277 的 GSD 文件名称为 siem089d.gsd。

执行 HWConfig 中的菜单命令"选项"→"安装 GSD 文件",在出现的"安装 GSD 文件"对话框中(见图 8-10),在最上面的选择框选中 GSD 文件"来自目录"。单击"浏览"按钮,在出现的"浏览文件夹"对话框选中文件所在的文件夹,单击"确定"按钮,该文件夹的 GSD 文件"siem089d.gsd"就会出现在 GSD 文件列表框中。选中需要安装的 GSD 文件,单击"安装"按钮,就开始安装了。

安装结束后,在 HWConfig 右边的硬件目录窗口的"\PROFIBUSDP\Additional Field Devices\PLC\SIMATIC"文件夹中,可以看到新安装的 EM277。

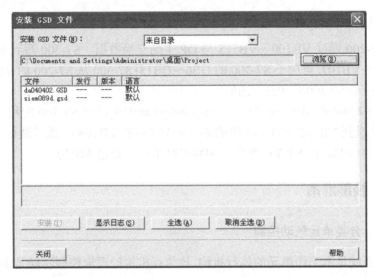

图 8-10 安装 GSD 文件

4. 不能安装 GSD 的处理方法

打开该项目后,在 HWConfig 的硬件窗口看不到 EM277。如果安装来自目录的 GSD 文件,将会出现无法安装的警告信息。这是因为打开该项目时,EM277 的 GSD 文件被引用。必须关闭项目 EM277,重新启动计算机,打开别的项目,才能安装 EM277 的 GSD 文件。也可以打开别的项目,用选择框选中"来自项目",安装项目"EM277"中的 GSD 文件。

5. 组态 EM277 从站

安装 GSD 文件后,将 HWConfig 右侧窗口的"EM277 PROFIBUS-DP"拖放到左边窗口的 PROFIBUS-DP 网络上。用鼠标选中生成的 EM277 从站,打开右边窗口的设备列表中的"\EM277PROFIBUS-DP"子文件夹,根据实际系统的需要选择传送的通信字节数。本项目选择的是 8 字节输入/8 字节输出方式,将图 8-9 中的"8 Bytes Out/8 Bytes In"拖放到下面窗口的表格中的 1 号槽。STEP7 自动分配远程 I/O 的输入 / 输出地址,因为主机架占用了 IW0 和 QW4,分配给 EM277 模块的输入、输出地址分别为 IB2~IB9 和 QB6~QB13。

双击网络上的 EM277 从站,打开 DP 从站属性对话框。单击"常规"选项卡中的"PROFIBUS…"按钮,在打开的接口属性对话框中设置 EM277 的站地址为 3。用 EM277

上的拨码开关设置的站地址应与 STEP7 中设置的站地址相同。

在"参数赋值"选项卡中（见图 8-11），设置"I/O Offset in the V-memory"（V 存储区中的 I/O 偏移量）为 100，即用 S7-200 的 VB100～VB115 与 S7-300 的 QB6～QB13 和 IB2～IB9 交换数据。组态结束后，应将组态信息下载到 S7-300 的 CPU 模块。

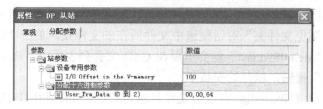

图 8-11　DP 从站属性对话框

6. S7-200 的编程

本例的 S7-200 通过 VB100～VB115 与 DP 主站交换数据。S7-300 写到 S7-200 的数据保存在 VB100～VB107，对应于 S7-300 的 QB6～QB13；S7-300 从 S7-200 的 VB108～VB115 读取数据，对应于 S7-300 的 IB2～IB9。

如果要把 S7-200 的 MB3 的值传送给 S7-300 的 MB10，应在 S7-200 的程序中用 MOVB 指令将 MB3 传送到 VB108～VB115 中的某个字节（例如 VB108）。通过通信，VB108 的值传送给 S7-300 的 IB2，在 S7-300 的程序中将 IB2 的值传送给 MB10。

任务二　技能准备

子任务一　分类单元气动控制

气动控制系统是本工作单元的执行机构，该执行机构的逻辑控制功能是由 PLC 实现的。气动控制回路的工作原理见图 8-12。

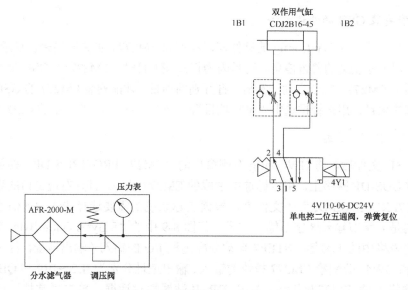

图 8-12　分类单元气动原理图

1B1、1B2 为安装在推料气缸的两个极限工作位置的磁性传感器。1Y1 为控制推料气缸的电磁阀。

子任务二　分类单元电气控制

PLC 的控制原理图见图 8-13。

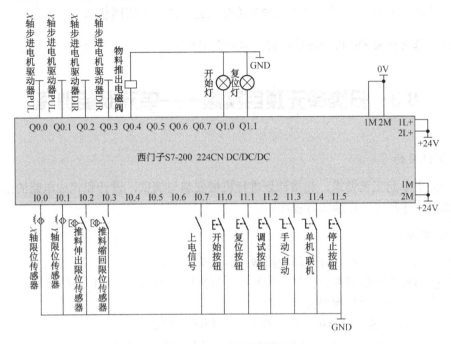

图 8-13　PLC 控制原理图

该单元的复位信号、开始信号、停止信号均从触摸屏发出，经过 S7-300 程序处理后，向各单元发送控制要求，以实现各站的复位、开始、停止等操作。各从站在运行过程中的状态信号，应存储到该单元 PLC 规划好的数据缓冲区，以实现整个系统的协调运行。数据规划表见表 8-1。

表 8-1　网络读/写数据规划表

序号	系统输入网络向 MES 发送数据	S7-200 从站数据（上料）	主站对应数据（S7-300）	功　　能
1	上电 I0.7	V 10.7	I72.7	分类单元实际的 PLC 的 I/O 分配缓冲区以及该单元的数据缓冲区要和 S7-300 主站硬件组态时的数据缓冲区相对应
2	开始 I1.0	V 11.0	I73.0	
3	复位 I1.1	V 11.1	I73.1	
4	调试 I1.2	V 11.2	I73.2	
5	手动 I1.3	V 11.3	I73.3	
6	联机 I1.4	V 11.4	I73.4	
7	停止 I1.5	V 11.5	I73.5	
8	开始灯 Q1.0	V 13.0	I75.0	
9	复位灯 Q1.1	V 13.1	I75.1	
10	已经加工	VW8	IW70	

通常的安装过程（通信电缆为标准的 PROFIBUS-DP 电缆）如下。

（1）将 PLC 控制板装入各站小车内。

（2）将控制面板接头插入 C1 的插槽内。

（3）将 PLC 控制板上接头 C4 插入执行部分接线端子的 C4 插槽内。

（4）使用联机模式时，用 DP 通信电缆将各站的 EM277 模块连接起来。

（5）将控制面板上的两个二位旋转开关分别旋至自动和联网状态。

注意！任何一处 DP 接头连接之前，必须关掉电源。

8.3 分类单元项目实施——单元技能训练

1. 训练目的

按照分类单元工艺要求，先按计划进行机械安装与调试，设计和完成电路的连接，并设计好调试程序和自动连续运行程序。

2. 训练要求

（1）熟悉分类单元的功能及结构组成，并正确安装。

（2）能够根据控制要求设计气动控制回路原理图，安装气动执行器件并调试。

（3）安装所使用的传感器并能调试。

（4）查明 PLC 各端口地址，根据要求编写程序并调试。

（5）分类单元安装与调试时间计划共计 6 个小时，以 2~3 人为一组，并根据表 8-2 进行记录。

表 8-2　工作计划表

步骤	内　容	计 划 时 间	实 际 时 间	完 成 情 况
1	整个练习的工作计划			
2	安装计划			
3	线路描述和项目执行图纸			
4	写材料清单和领料及工具			
5	机械部分安装			
6	传感器安装			
7	气路安装			
8	电路安装			
9	连接各部分器件			
10	各部分及程序调试			
11	故障排除			

请同学们仔细查看器件，根据所选系统及具体情况填写表 8-3。

表 8-3　分类单元材料清单

序　号	代　号	物 品 名 称	规　格	数　量	备注（产地）
1		滚珠丝杠			
2		滑杆推出部件			
3		分类料仓			
4		步进电动机			
5		步进驱动器			
6		电感传感器			
7		气缸			
8		电磁阀			
9		可编程序控制器			
10		按钮			
11		I/O 接口板			
12		通信接口板			
13		电气网孔板			
14		开关电源			

任务一　分类单元机械拆装与调试

1. 任务目的

（1）锻炼和培养学生的动手能力。

（2）加深对各类机械部件的了解，掌握其机械结构。

（3）巩固和加强机械制图课程的理论知识，为机械设计及其他专业课等后续课程的学习奠定必要的基础。

（4）掌握机械总成、各零部件及其相互间的连接关系、拆装方法和步骤及注意事项。

（5）锻炼动手能力，学习拆装方法和正确地使用常用机、工、量具和专门工具。

（6）熟悉和掌握安全操作常识，掌握零部件拆装后的正确放置、分类及清洗方法，培养文明生产的良好习惯。

（7）通过计算机制图，绘制单个零部件图。

2. 任务内容

（1）识别各种工具，掌握正确使用方法。

（2）拆卸、组装各机械零部件、控制部件，如气缸、电动机、转盘、过滤器、PLC、开关电源和按钮等。

（3）装配所有零部件，要求装配到位，密封良好，转动自如。

注意：在拆卸零件的过程中，整体的零件不允许破坏性拆开，如气缸，丝杆副等。

3. 实训装置

（1）台面：警示灯机构、提升机构、上料机构、执行机构。

（2）网孔板：PLC 控制机构、供电机构。

（3）各种拆装工具。

4. 拆装要求

具体拆卸与组装，**先外部后内部，先部件后零件**，按装配工艺顺序进行，拆卸的零件按顺序摆放，进行必要的记录、擦洗和清理。装配时按顺序进行，要一次安装到位。每个学生都要动手。

注意：先拆的后装、后拆的先装。

5. 任务步骤

1）拆卸

工作台面：

（1）准备各种拆卸工具，熟悉工具的正确使用方法。

（2）了解所拆卸的机器主要结构，分析和确定主要拆卸内容。

（3）端盖、压盖、外壳类拆卸；接管、支架、辅助件拆卸。

（4）主轴、轴承拆卸。

（5）内部辅助件及其他零部件拆卸、清洗。

（6）各零部件分类、清洗、记录等。

网孔板：

（1）准备各种拆卸工具，熟悉工具的正确使用方法。

（2）了解所拆卸的器件主要分布，分析和确定主要拆卸内容。

（3）主机 PLC、空气开关、熔断丝座、I/O 接口板、转接端子及端盖、开关电源和导轨的拆卸。

（4）各元器件的分类，注意元器件的分布结构、记录等。

2）组装

（1）理清组装顺序，先组装内部零部件，组装主轴及轴承。

（2）组装轴承固定环、上料地板等工作部件。

（3）组装内部件与壳体。

（4）组装压盖、接管等，以及各辅助部件等。

（5）检查是否有未装零件，检查组装是否合理、正确和适度。

（6）具体组装可参考图 8-14。

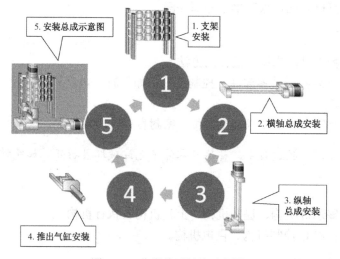

图 8-14　分类单元拆装示意图

6. 分类单元机械拆装任务书

见表 8-4 至表 8-7。

表 8-4 培训项目（单元）培养目标

项目（单元）任务单		项目（单元）名称	项目执行人	编 号
		分类单元的拆装		
班级名称		开始时间	结束时间	总学时
班级人数				180 分钟
项目（单元）培养内容				
模 块	序 号	内 容		
知识目标	1	锻炼和培养学生的动手能力		
	2	掌握机械总成、各零部件及其相互间的连接关系、拆装方法和步骤及注意事项		
	3	学习拆装方法和正确地使用常用机、工、量具和专门工具		
能力目标	1	识别各种工具，掌握正确使用方法		
	2	掌握拆卸、组装各机械零部件、控制部件的方法，如气缸、电动机、转盘、过滤器、电磁阀等		
	3	熟悉和掌握安全操作常识，掌握零部件拆装后的正确放置、分类及清洗方法，培养文明生产的良好习惯		
	4	能强化学生的安全操作意识		
	5	能锻炼学生的自我学习能力和创新能力		
执行人签名		教师签名		教学组长签名

表 8-5 培训项目（单元）执行进度单

项目（单元）执行进度单		项目（单元）名称	项目执行人	编 号
		分类单元的拆装		
班级名称		开始时间	结束时间	总学时
班级人数				180 分钟
项目（单元）执行进度				
序号	内 容		方 式	时间分配
1	根据实际情况调整小组成员，布置实训任务		教师安排	5 分钟
2	小组讨论，查找资料，根据生产线的工作站单元总图、气动回路原理图、安装接线图列出单元机械组成、各零件数量、型号等		学员为主，教师点评	20 分钟
3	准备各种拆卸工具，熟悉工具的正确使用方法		器材管理员讲解	10 分钟
4	了解所拆卸的机器主要结构，分析和确定主要拆卸内容		学员为主；教师指导	10 分钟
5	端盖、压盖、外壳类拆卸；接管、支架、辅助件拆卸；主轴、轴承拆卸；内部辅助件及其他零部件的拆卸、清洗		学员为主；教师指导	45 分钟
6	参考总图，理清组装顺序，先组装内部零部件，组装主轴及轴承。检查是否有未装零件，检查组装是否合理、正确和适度		学员为主；互相检查	45 分钟
7	拆装过程中，做好各零部件分类、清洗、记录等		学员为主；教师指导	15 分钟
8	组装过程中，在教师指导下，解决碰到的问题，并鼓励学生互相讨论，自己解决		学员为主；教师引导	10 分钟
9	小组成员交叉检查并填写实习实训项目（单元）检查单		学员为主	10 分钟
10	教师给学员评分		教师评定	10 分钟
执行人签名	教师签名			教学组长签名

表 8-6　培训项目（单元）设备、工具准备单

项目（单元）设备、工具准备单		项目（单元）名称		项目执行人	编　号
		分类单元的拆装			
班级名称		开始时间		结束时间	
班级人数					
项目（单元）设备、工具					
类　型	序号	名　称	型　号	台（套）数	备　注
设备	1	自动生产线实训装置	THMSRX-3 型	3 套	每个工作站安排 2 人（实验室提供）
工具	1	数字万用表	9205	1 块	实训场备
	2	十字螺丝刀	8、4 寸	2 把	
	3	一字螺丝刀	8、4 寸	2 把	
	4	镊子		1 把	
	5	尖嘴钳	6 寸	1 把	
	6	扳手			
	7	内六角扳手		1 套	
执行人签名		教师签名		教学组长签名	

备注：所有工具按工位分配。

表 8-7　培训项目（单元）检查单

项目（单元）名称		项目指导老师		编　号
分类单元的拆装				
班级名称	检查人	检查时间		检查评等
检查内容	检查要点		评　价	
参与查找资料，掌握生产线的工作站单元总图、气动回路原理图、安装接线图	能读懂图并且速度快			
列出单元机械组成、各零件数量、型号等	名称正确，了解结构			
工具摆放整齐	操作文明规范			
工具的使用	识别各种工具，掌握正确使用方法			
拆卸、组装各机械零部件、控制部件	熟悉和掌握安全操作常识，零部件拆装后的正确放置、分类及清洗方法			
装配所有零部件	检查是否有未装零件,检查组装是否合理、正确和适度			

检查内容	检查要点	评　价
调试时操作顺序	机械部件状态（如运动时是否干涉，连接是否松动），气管连接状态	
调试成功	工作站各部分能正确完成工作（装配到位，密封良好，转动自如）	
拆装出现故障	排除故障的能力以及对待故障的态度	
与小组成员合作情况	能否与其他同学和睦相处，团结互助	
遵守纪律方面	按时上、下课，中途不溜岗	
地面、操作台干净	接线完毕后能清理现场的垃圾	
小组意见		
教师审核		

被检查人签名	教师评等	教师签名

任务二　分类单元电气控制拆装与调试

子任务一　电气控制线路的分析和拆装完成分类单元布线

1. 任务目的

（1）掌握电路的基础知识、注意事项和基本操作方法。

（2）能正确使用常用接线工具。

（3）能正确使用常用测量工具（如万用表）。

（4）掌握电路布线技术。

（5）能安装和维修各个电路。

（6）掌握 PLC 外围直流控制及交流负载线路的接法及注意事项。

2. 实训设备

THMSRX-3 型 MES 网络型模块式柔性自动化生产线实训系统（8 站）。

3. 工艺流程

（1）根据原理图、气动原理图绘制接线图，可参考实训台上的接线。

（2）按绘制好的接线图研究走线方法，并进行板前明线布线和套编码管。

（3）根据绘制好的接线图完成实训台台面、网孔板的接线。

（4）按图 8-15 检测电路，经教师检查后，可通电进行下一步工作。

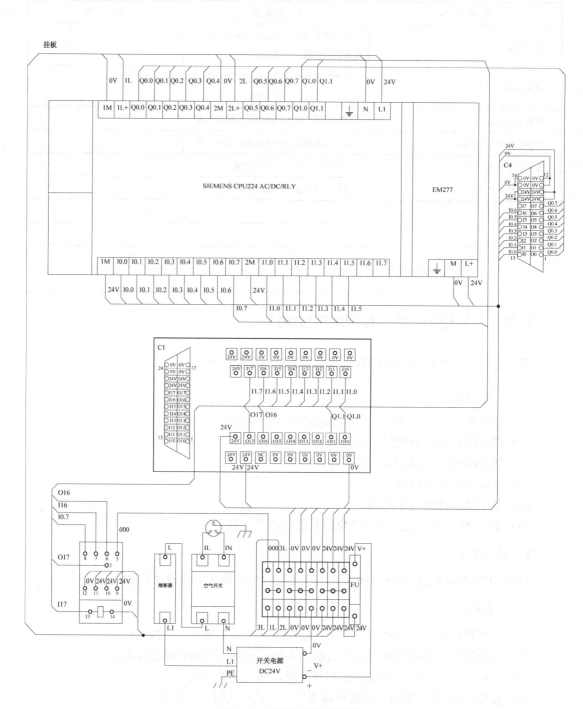

图 8-15　分类单元的接线图

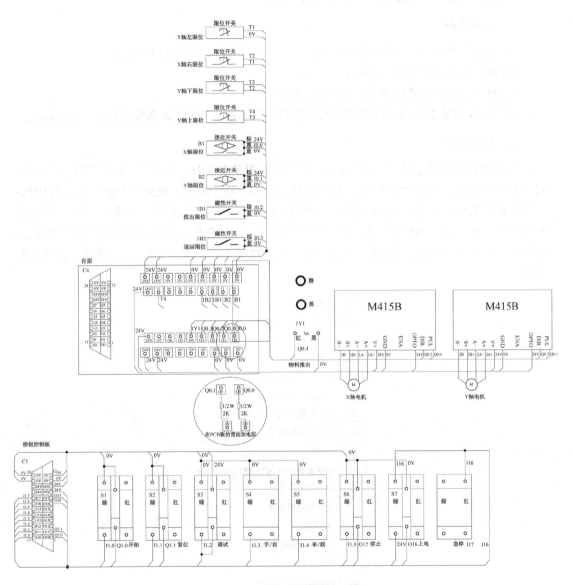

图 8-15　分类单元的接线图（续）

子任务二　编写分类单元控制程序。

1．任务目的

利用所学的指令完成分类单元程序的编制。

2．实训设备

1）安装有 Windows 操作系统的 PC 一台（具有 STEP7 MicroWin 软件）。

2）PLC（西门子 S7-200 系列）一台。

3）PC 与 PLC 的通信电缆一根（PC/PPI）。

4）THMSRX-3 型 MES 网络型模块式柔性自动化生产线实训系统（8 站）分类单元。

3．工艺流程

将编制好的程序送入 PLC 并运行。顺序功能图见图 8-16，上电后"复位"指示灯闪烁，按"复位"按钮，气缸进行复位，若气缸复位完成，则 1B2=1，此时"开始"指示灯闪烁；按"开始"按钮后，送料电动机转，若没料（B1=0），则电动机转动 10 秒后停止，同时报警黄灯亮；若有料（B1=1），则气缸 1 上升（1Y1=1），若在 3 秒内没有到达气缸上限位则报警红灯亮；按"调试"按钮，气缸下降，待 1B2=1 后，送料电动机再次转动，循环上料过程。

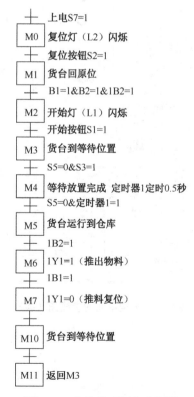

图 8-16　分类单元顺序功能图

4．任务编程

新建一个程序，根据上述控制要求和顺序控制图，编写出相应的程序，并运行通过。

5. 分类单元电气控制拆装任务书

见表 8-8 至表 8-11。

表 8-8　培训项目（单元）培养目标

项目（单元）任务单		项目（单元）名称	项目执行人	编　号
		分类单元电气控制拆装		
班 级 名 称		开 始 时 间	结 束 时 间	总 学 时
班 级 人 数				180 分钟
项目（单元）培养内容				
模　块	序号	内　容		
知识目标	1	掌握 PLC 软件及基本指令的应用		
	2	掌握自动生产线控制程序的编写方法		
	3	掌握 PLC 控制系统的总体构建方法		
能力目标	1	知道 PLC 在自动生产线中的应用		
	2	能进行 PLC 电气系统图的识图、绘制，以及硬件电路接线		
	3	会进行自动生产线 PLC 控制程序的编写及调试		
	4	能解决编程过程中遇到的实际问题		
	5	能锻炼学生的自我学习能力和创新能力		
执行人签名		教师签名		教学组长签名

表 8-9　培训项目（单元）执行进度单

项目（单元）执行进度单		项目（单元）名称	项目执行人	编　号
		分类单元电气控制拆装		
班 级 名 称		开 始 时 间	结 束 时 间	总 学 时
班 级 人 数				180 分钟
项目（单元）执行进度				
序号	内　容		方　式	时 间 分 配
1	根据实际情况调整小组成员，布置实训任务		教师安排	5 分钟
2	小组讨论，查找资料，根据生产线的工作站单元硬件连线图、软件控制电路原理图列出单元控制部分组成、各元件数量、型号等		学员为主，教师点评	10 分钟
3	根据 I/O 分配及硬件连线图，对 PLC 的外部线路完成连接		学员为主，教师点评	10 分钟
4	根据控制要求及 I/O 分配，对 PLC 进行编程		学员为主；教师指导	45 分钟
5	检查硬件线路并对出现的故障进行排除		学员为主；互相检查	45 分钟
6	画出程序流程图或顺序功能图，并写好记录，以备调试程序时参考		学员为主；教师指导	20 分钟
7	检查程序，并根据出现的问题对程序做出调整，直到满足控制要求为止		学员为主；教师指导	15 分钟
8	硬件及软件实训过程中，在教师指导下，解决碰到的问题，并鼓励学生互相讨论，自己解决		学员为主；教师引导	10 分钟
9	小组成员交叉检查并填写实习实训项目（单元）检查单		学员为主	10 分钟
10	教师给学员评分		教师评定	10 分钟
执行人签名	教师签名		教学组长签名	

表 8-10　培训项目（单元）设备、工具准备单

项目（单元）设备、工具准备单		项目（单元）名称		项目执行人	编　号
		分类单元电气控制拆装			
班 级 名 称		开 始 时 间		结 束 时 间	
班 级 人 数					
项目（单元）设备、工具					
类　　型	序　号	名　　称	型　　号	台（套）数	备　注
设备	1	自动生产线实训装置	THMSRX-3 型	3 套	每个工作站安排2人（实验室提供）
工具	1	数字万用表	9205	1 块	实训场备
	2	十字螺丝刀	8、4 寸	2 把	
	3	一字螺丝刀	8、4 寸	2 把	
	4	镊子		1 把	
	5	尖嘴钳	6 寸	1 把	
	6	扳手			
	7	内六角扳手		1 套	
执行人签名		教师签名		教学组长签名	

备注：所有工具按工位分配。

表 8-11　培训项目（单元）检查单

项目（单元）名称		项目指导老师		编　号
分类单元电气控制拆装				
班 级 名 称	检 查 人	检 查 时 间		检 查 评 等
检 查 内 容	检 查 要 点		评　　价	
参与查找资料,掌握生产线的工作站单元硬件连线图、I/O 分配原理图、程序流程图	能读懂图并且速度快			
列出单元 PLC 的 I/O 分配、各元件数量、型号等	名称正确,和实际的一一对应			
工具摆放整齐	操作文明规范			
万用表等工具的使用	识别各种工具,掌握正确使用方法			
传感器等控制部件的正确安装	熟悉和掌握安全操作常识,器件安装后的正确放置、连线及测试方法			
装配所有器件后,通电联调	检查是否能正确动作,对出现的故障能否排除			
调试程序时的操作顺序	是否有程序流程图,调试是否有记录以及故障的排除			
调试成功	工作站各部分能正确完成工作,运行良好			
硬件及软件出现故障	排除故障的能力以及对待故障的态度			
与小组成员合作情况	能否与其他同学和睦相处,团结互助			

续表

检查内容	检查要点	评 价
遵守纪律方面	按时上、下课，中途不溜岗	
地面、操作台干净	接线完毕后能清理现场的垃圾	
小组意见		
教师审核		

被检查人签名	教师评等	教师签名

任务三 分类单元的调试及故障排除

在机械拆装以及电气控制电路的拆装过程中，应进一步了解掌握设备调试的方法、技巧及注意点，培养严谨的作风，做到以下几点。

（1）所用工具的摆放位置正确，使用方法得当。

（2）注意所用各部分器件的好坏及归零。

（3）注意各机械设备的配合动作及电动机的平衡运行。

（4）电气控制电路的拆装过程中，必须认真检查线路的连接。重点检查电源线的走向。

（5）在程序下载前，必须认真检查。重点检查各个执行机构之间是否会发生冲突，如有冲突，应立即停下，认真分析原因（机械、电气、程序等）并及时排除故障，以免损坏设备。

（6）总结经验，把调试过程中遇到的问题、解决的方法记录于表8-12。

表 8-12 调试运行记录表

观察步骤 \ 观察项目 \ 结果	滚珠丝杠	滑杆推出部件	分类料仓	步进电动机	步进驱动器	电感传感器	气缸	极限开关	PLC	单元动作
各机械设备的动作配合										
各电气设备是否正常工作										
电气控制线路的检查										
程序能否正常下载										
单元是否按程序正常运行										
故障现象										
解决方法										

表 8-13 用于评分。

表 8-13　总评分表

班　级　第　组			评　分　标　准	学 生 自 评	教 师 评 分	备　注
评 分 内 容		配分				
分类单元	工作计划 材料清单 气路图 电路图 接线图 程序清单	12	没有工作计划扣2分；没有材料清单扣2分；气路图绘制有错误的扣2分；主电路绘制有错误的，每处扣1分；电路图符号不规范，每处扣1分			
	零件故障和排除	10	滚珠丝杠、滑杆推出部件、分类料仓、步进电动机、步进驱动器、电感传感器、开关电源、可编程序控制器、按钮、I/O接口板、通信接口板、电气网孔板、直流减速电动机、电磁阀及气缸等零件没有测试以确认好坏并予以维修或更换。每处扣1分			
	机械故障和排除	10	错误调试导致滑杆推出部件及分类料仓不能运行，扣6分			
			电感传感器调整不正确，每处扣1.5分			
			气缸调整不恰当，扣1分			
			有紧固件松动现象，每处扣0.5分			
	气路连接故障和排除	10	气路连接未完成或有错，每处扣2分			
			气路连接有漏气现象，每处扣1分			
			气缸节流阀调整不当，每处扣1分			
			气管没有绑扎或气路连接凌乱，扣2分			
	电路连接故障和排除	20	不能实现要求的功能、可能造成设备或元件损坏，1分/处；最多扣4分			
			没有必要的限位保护、接地保护等，每处扣1分，最多扣3分			
			必要的限位保护未接线或接线错误扣1.5分			
			端子连接，插针压接不牢或超过2根导线，每处扣0.5分，端子连接处没有线号，每处扣0.5分，两项最多扣3分。电路接线没有绑扎或电路接线凌乱，扣1.5分			
	程序的故障和排除	20	按钮不能正常工作，扣1.5分			
			上电后不能正常复位，扣1分			
			参数设置不对，不能正常和PLC通信，扣1分			
			指示灯亮灭状态不满足控制要求，每处扣0.5分			
单元正常运行工作	初始状态检查和复位，系统正常停止	8	运行过程缺少初始状态检查，扣1.5分。初始状态检查项目不全，每项扣0.5分。系统不能正常运行扣2分，系统停止后，不能再启动扣0.5分			
职业素养与安全意识		10	现场操作安全保护符合安全操作规程；工具摆放、包装物品、导线线头等的处理符合职业岗位的要求；团队有分工有合作，配合紧密；遵守纪律，尊重工作人员，爱惜设备和器材，保持工位的整洁			
总　计		100				

8.4 重点知识、技能归纳

（1）随着制造业自动化和过程自动化中分散化结构的迅速发展，现场总线的应用日益广泛，现场总线实现了数字和模拟输入/输出模块、智能信号装置与过程调节装置、可编程序控制器（PLC）和 PC 之间的数据传输，把 I/O 通道分散到实际需要的现场设备附近，从而使整个系统的工程费用、装配费用、硬件成本、设备调试和维修成本减到最少，标准化的现场总线具有"开放"的通信接口、"透明"的通信协议，允许用户选用不同制造商生产的分散 I/O 装置和现场设备。

（2）PROFIBUS 现场总线满足了生产过程现场级数据可存取性的重要要求，一方面它覆盖了传感器/执行器领域的通信需求，另一方面又具有单元级领域的所有网络通信功能。特别在"分散 I/O"领域，由于有大量的、种类齐全的、可连接的现场设备可供选用，因此PROFIBUS 已成为事实上的国际公认的标准。

（3）学习本部分内容时应通过训练熟悉分类单元的结构与功能，亲身实践自动生产线的 PROFIBUS-DP 网络通信等控制技术，并融会贯通。

8.5 工程素质培养

（1）SIMATICNET 分为哪几层？每一层各有什么作用？各层使用什么网络？

（2）了解 PROFIBUS 有哪 3 种通信协议，谈谈你的想法。

（3）STEP7 怎样分配 DP 网络中的 I/O 地址？

（4）GSD 文件有什么作用？怎样安装 GSD 文件？

（5）DP 智能从站有什么特点？怎样组态智能从站？

（6）S7 通信可以用于哪些网络？怎样实现 S7 通信？

（7）简述客户机和服务器在 S7 通信中的作用。

（8）什么 CPU 集成的通信接口可以作为 S7 通信的客户机？

（9）S7 单向通信和双向通信分别使用什么 SFB？

（10）怎样实现两台 PLC 之间的 S7 通信的仿真？需要使用什么版本的 PLCSIM？

（11）认真执行培训项目（单元）执行进度记录，归纳分类单元 PLC 控制调试中的故障原因及排除故障的思路。

（12）在机械拆装以及电、气动控制电路的拆装过程中，进一步掌握仓库、步进电动机金属传感器在安装、调试时的方法和技巧，并组织小组讨论和各小组之间的交流。

项目九 主控单元

9.1 主控单元项目引入

1. 主要组成与功能

主控单元采用了先进的总线控制方式，增配有主控 PLC、工业触摸屏、MCGS 工业组态监控软件、MES 生产制造管理软件等，系统更加完整，更能展现工业现场的工作状态及现代制造工业的发展方向。实物见图 9-1。

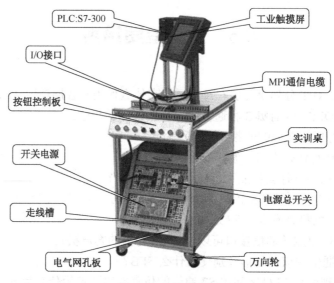

图 9-1 主控单元图

MCGS 工业组态监控软件：当 8 个站全部进入联网状态时，管理员能够通过组态监控机中各种组态按钮方便地控制某个单元或整个系统的运行、暂停、继续、停止等；每个站的工作状态以及工件的材质、颜色等在监控画面上也能够清楚地看到。

MES 生产制造管理软件：在整个系统的生产过程中，由 MES 生产管理系统拟定、下达各项生产计划任务，并实时地反映在 MES 上位机的监控画面上。下层制造系统自动统计整个系统的工作状态及当前工件加工状态，并实时传输到生产管理系统 MES，具有计划、调度和实时监控等功能，能够实现和系统组态监控软件的集成，实时监视生产线的生产情况。

2. 主要技术指标

（1）控制电源：直流 24V/4.5A。

（2）PLC 控制器：西门子 S7-300。

3. 工作流程

（1）配置各站 EM277 的地址：上料单元为 3，搬运单元为 4，加工检测单元为 5，搬运分拣单元为 9，变频传送单元为 10，安装单元为 6，搬运安装单元为 7，分类单元为 8。

（2）将各站"单/联"开关打到"联"、"手/自"开关打到"自"（上料单元最后切换），切换后上料单元自动运行，对工件进行上料操作；搬运单元将工件从上料单元搬运到加工与检测单元；加工与检测单元对物料进行加工和检测；搬运分拣单元分拣出废料放到废料存储器中，将合格工件搬运到变频传送单元；变频传送单元分拣其他颜色工件，将黑、白工件传送到位，传感器检测到位后，等待安装搬运单元搬运。安装搬运单元将工件从变频传送单元搬运到安装位；安装单元将小工件安装至工件中；分类单元将安装完成的工件根据颜色分类放入到相应的仓库位中。

9.2 主控单元项目准备

任务一 知识准备——触摸屏及生产线监控

子任务一 了解触摸屏及其应用

人机界面是操作人员和机器设备之间双向沟通的桥梁，用户可以根据多功能显示屏幕上的信息自由地组合文字、按钮、图形、数字等来操作或监控设备。随着机械设备的飞速发展，以往的操作界面需要熟练的操作员才能操作，而且操作困难，无法提高工作效率。但是使用人机界面能够明确指示并告知操作员目前机器设备的状况，使操作更加简单、轻松，并且可以减少操作上的失误，即使是新手也可以很轻松地操作整个机器设备。使用人机界面还可以使机器的配线标准化、简单化，同时也能减少 PLC 控制器所需的 I/O 点数，降低生产的成本同时由于面板控制的小型化及高性能，相对地提高了整套设备的附加价值。

触摸屏作为一种新型的人机界面，从一出现就受到关注，其简单易用、功能强大及优异的稳定性使它非常适合用于工业环境，甚至可以用于日常生活之中，应用非常广泛，如自动化停车设备、自动洗车机、天车升降控制、生产线监控，甚至可用于智能大厦管理、会议室声光控制、温度调整等。

1. 什么是触摸屏

触控屏（Touch panel）又称为触控面板，实物见图 9-2，是一种可接收触头等输入信号的感应式液晶显示装置，当接触了屏幕上的图形按钮时，屏幕上的触觉反馈系统可根据预先编写的程序驱动各种连接装置，用以取代机械式的按钮面板，并借由液晶显示画面制造出生动的影音效果。触摸屏只是一套透明的定位装置，必须与控制器、CPU、显示控制器、显示面板等共同配合才能正常工作。工业控制触摸屏将上述各装置组合在一起，制成一个独立的平板式显示器与 PLC 配套使用。其防护能力和可靠性较高。

图 9-2　触摸屏

2. 触摸屏的使用

主控站人机界面采用 MT4500C 触摸屏，其配套的设计开发软件为 EV5000。

MT4500C 触摸屏的接口包括串行接口和 USB 接口。

（1）串行接口。MT4500C 有两个串行接口，标记为 COM0、COM1。实际应用中两个接口分别称为"公头"和"母头"，以方便区分。COM0 为 9 针公头，管脚定义见图 9-3。COM1 为 9 针母头，管脚见图 9-4。COM1 与 COM0 的区别仅在于 PC RXD，PC TXD 被换成了 PLC232 连接的硬件流控 TRS PLC，CTS PLC。

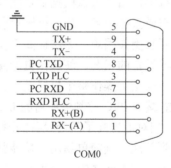

图 9-3　串行接口公头

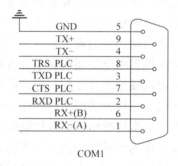

图 9-4　串行接口母头

（2）USB 接口。MT4500C 提供了一个 USB 高速下载通道，它将大大加快下载的速度，且不需要预先知道目标触摸屏的 IP 地址。

3. 利用 EV5000 软件制作一个最简单的工程

EV5000 软件的安装很简单，运行安装程序后不用修改任何设置，按软件的安装提示即可很快完成。

（1）安装好 EV5000 软件后，通过开始菜单找到相应的可执行程序并单击，即可打开触摸屏软件。

（2）单击菜单"文件"里的"新建工程"，这时将弹出如图9-5所示对话框，输入所建工程的名称。也可以单击">>"来选择所建文件的存放路径。在这里我们将"工程名称"命名为"test_01"。单击"建立"即可。

图 9-5　新建工程

（3）选择所需的通信连接方式，MT5000 支持串口、以太网连接，单击元件库窗口里的"通讯连接"，选中所需的连接方式拖入工程结构窗口中即可。见图9-6。

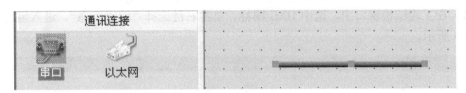

图 9-6　通信连接

（4）选择所需的触摸屏型号，将其拖入工程结构窗口。

（5）选择需要连线的 PLC 类型，拖入工程结构窗口里。如图9-7所示。适当移动 HMI 和 PLC 的位置，将连接端口靠近连接线的任意一端，就可以顺利把它们连接起来。拉动 HMI 或者 PLC 检查连接线是否断开，如果不断开就表示连接成功。

注意：连接使用的端口号要与实际的物理连接一致。这样就成功地在 PLC 与 HMI 之间建立了连接。

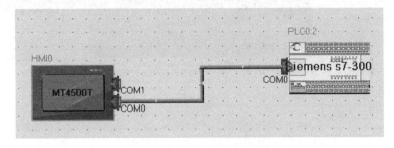

图 9-7　PLC 和 HMI 建立连接

（6）双击 HMI0 图标，就会弹出如图 9-8 所示的对话框，在此对话框中需要设置触摸屏的端口号。在弹出的"HMI 属性"对话框里切换到"串口 1 设置"，修改串口 1 的参数（如果 PLC 连接在 COM0，请切换到"串口 0 设置"，修改串口 0 的参数）。

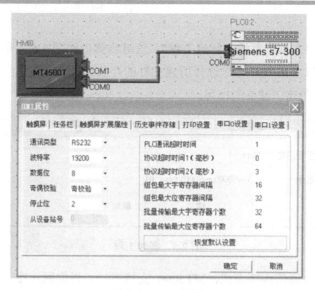

图9-8　HMI属性

（7）在工程结构窗口中，选中HMI图标，单击右键选择"编辑组态"，进入组态窗口，如图9-9所示。

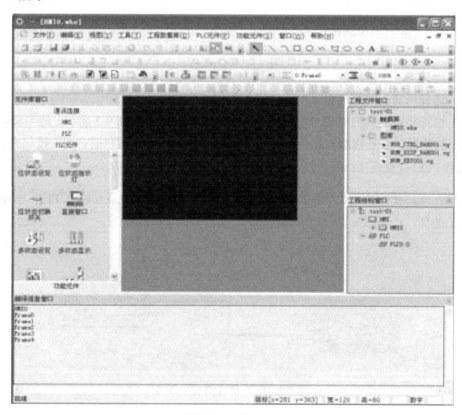

图9-9　组态窗口

（8）在图9-9所示左边的PLC元件窗口里单击图标"位状态切换开关"，将其拖入组态窗口中放置，这时将弹出"位状态切换开关元件属性"对话框，设置位控元件的输入/输出地址，如图 9-10 所示。

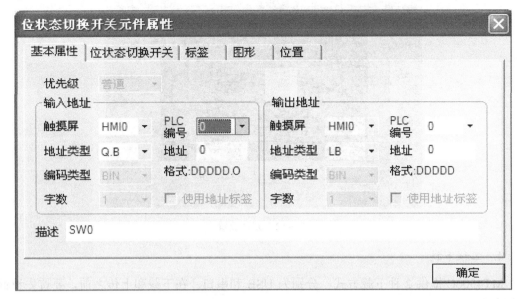

图 9-10　开关元件属性

（9）切换到"位状态切换开关"页，设定开关类型，这里设定为切换开关。

（10）切换到"标签"页，选中"使用标签"，分别在"内容"里输入状态 0、状态 1 相应的标签，并选择标签的颜色（可以修改标签的对齐方式，字号，颜色）。

（11）切换到"图形"页，选中"使用向量图"复选框，选择一个自己想要的图形，这里选择了如图 9-11 所示的开关。

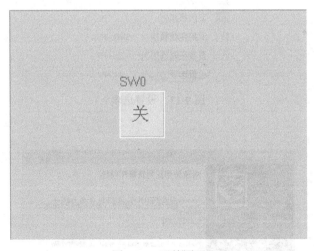

图 9-11　开关图形

（12）最后单击"确定"关闭对话框，放置好的元件如图 9-12 所示。

（13）单击工具条上的"保存"，接着选择菜单"工具"→"编译"。如果编译没有错误，那么这个工程就做好了。

（14）选择菜单"工具"→"离线模拟"→"仿真"，可以看到设置的开关，在单击它时将可以来回切换状态，和真正的开关一模一样！如图 9-12 所示。

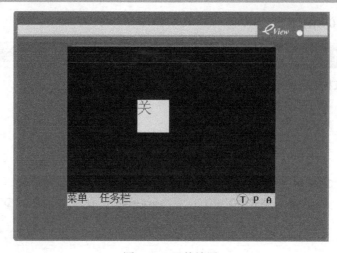

图 9-12　元件放置

4．工程下载

MT4500C 提供 2 种下载方式，分别为 USB 和串口。在下载和上传之前，要首先设置通信参数。

通信参数的设置在菜单栏中"工具"栏的"设置选项"里，见图 9-13。下载设备选择 USB。第一次使用 USB 下载要手动安装驱动。把 USB 一端连接到 PC 的 USB 接口上，一端连接触摸屏的 USB 接口，在触摸屏上电的条件下会弹出如图 9-14 所示的安装信息。

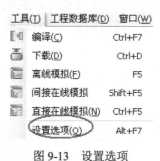

图 9-13　设置选项

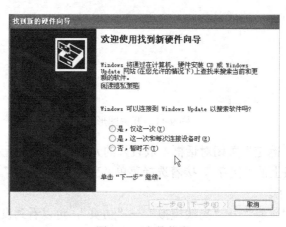

图 9-14　安装信息

根据提示手动安装 USB 驱动（见图 9-15）。选择菜单"工具"→"下载"。将做好的工程下载到触摸屏中。

> **注意：**
>
> 提供的样例工程，西门子触摸屏采用 COM0 口，PLC 地址为 2。波特率为 9.6kbps；三菱采用 COM1 口，PLC 地址为 0，波特率为 9.6kbps。

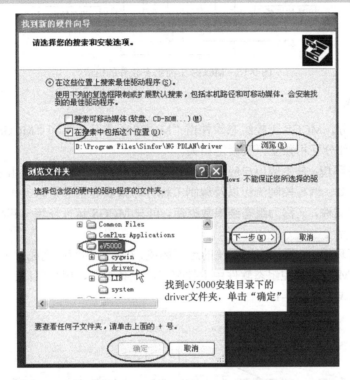

图 9-15　手动安装

子任务二　MCGS 工控组态软件

1. 概述

计算机技术和网络技术的飞速发展，为工业自动化开辟了广阔的发展空间，用户可以方便快捷地组建优质高效的监控系统，并且通过采用远程监控及诊断、双机热备等先进技术，使系统更加安全可靠，在这方面，MCGS 工控组态软件将为工业生产提供强有力的软件支持。

MCGS 工控组态软件是一套 32 位工控组态软件，可稳定运行于 Windows 95/98/NT 操作系统，集动画显示、流程控制、数据采集、设备控制与输出、网络数据传输、双机热备、工程报表以及数据与曲线显示等诸多强大功能于一身，并支持国内外众多数据采集与输出设备。软件组成见图 9-16。

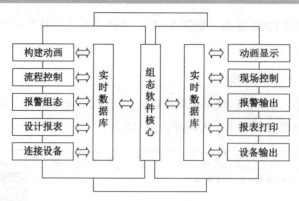

图 9-16　MCGS 工控组态软件的组成

2．软件组成

按使用环境分，MCGS 工控组态软件由"MCGS 组态环境"和"MCGS 运行环境"两个系统组成。两部分互相独立，又紧密相关。

MCGS 组态环境：是生成用户应用系统的工作环境，用户在 MCGS 组态环境中完成动画设计、设备连接、编写控制流程以及编制工程打印报表等全部组态工作后，可生成扩展名为.mcg 的工程文件，又称为组态结果数据库，可与 MCGS 运行环境一起构成用户应用系统，统称为"工程"。

MCGS 运行环境：是用户应用系统的运行环境，在运行环境中完成对工程的控制工作。按组成要素分，MCGS 工控组态软件由主控窗口、设备窗口、用户窗口、实时数据库和运行策略五部分构成，见图 9-17。

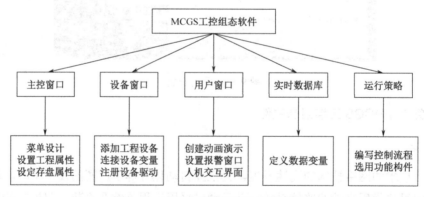

图 9-17　MCGS 工控组态软件组成要素

1）主控窗口

主控窗口是工程的主窗口或主框架。在主控窗口中可以放置一个设备窗口和多个用户窗口，主控窗口负责调度和管理这些窗口的打开或关闭。主要的组态操作包括：定义工程的名称、编制工程菜单、设计封面图形、确定自动启动的窗口、设定动画刷新周期、指定数据库存盘文件名称及存盘时间等。

2）设备窗口

本窗口是连接和驱动外部设备的工作环境。可在本窗口内配置数据采集与控制输出设备，注册设备驱动程序，定义连接与驱动设备用的数据变量。

3）用户窗口

本窗口主要用于设置工程中人机交互的界面，如生成各种动画显示画面、报警输出、数据与曲线图表等。

4）实时数据库

实时数据库是工程各个部分的数据交换与处理中心，它将 MCGS 工程的各个部分连接成有机的整体。可在本窗口内定义不同类型和名称的变量，作为数据采集、处理、输出控制、动画连接及设备驱动的对象。

5）运行策略

本窗口主要完成工程运行流程的控制。包括编写控制程序（if…then 脚本程序），选用各种功能构件，如：数据提取、历史曲线、定时器、配方操作及多媒体输出等。

3. MCGS 工控软件组态工程

一般来说，整套组态设计工作可按如下步骤进行。

1）工程项目系统分析

分析工程项目的系统构成、技术要求和工艺流程，弄清系统的控制流程和测控对象的特征，明确监控要求和动画显示方式，分析工程中的设备采集及输出通道与软件中实时数据库变量的对应关系，分清哪些变量是要求与设备连接的，哪些变量是软件内部用来传递数据及动画显示的。

2）工程立项搭建框架

MCGS 称为建立新工程。主要内容包括：定义工程名称、封面窗口名称和启动窗口（封面窗口退出后接着显示的窗口）名称，指定存盘数据库文件的名称以及存盘数据库，设定动画刷新的周期。经过此步操作，即在 MCGS 组态环境中建立了由 5 部分组成的工程结构框架（封面窗口和启动窗口也可等到建立了用户窗口后再行建立）。

3）设计菜单基本体系

为了对系统运行的状态及工作流程进行有效的调度和控制，通常要在主控窗口内编制菜单。编制菜单分两步进行，首先搭建菜单的框架，其次再对各级菜单命令进行功能组态。在组态过程中，可根据实际需要，随时对菜单的内容进行增加或删除，不断完善工程的菜单。

4）制作动画显示画面

动画制作分为静态图形设计和动态属性设置两个过程。前一部分类似于"画画"，用户通过 MCGS 组态软件中提供的基本图形元素及动画构件库，在用户窗口内"组合"成各种复杂的画面。后一部分则设置图形的动画属性，与实时数据库中定义的变量建立相关性的连接关系，作为动画图形的驱动源。

5）编写控制流程程序

在运行策略窗口内，从策略构件箱中选择所需功能策略构件，构成各种功能模块（称为策略块），由这些模块实现各种人机交互操作。MCGS 还为用户提供了编程用的功能构件（称之为"脚本程序"功能构件），让用户能够使用简单的编程语言，编写工程控制程序。

6）完善菜单按钮功能

包括对菜单命令、监控器件、操作按钮的功能组态；实现历史数据、实时数据、各种曲线、数据报表、报警信息输出等功能；建立工程安全机制等。

7）编写程序调试工程

利用调试程序产生的模拟数据，检查动画显示和控制流程是否正确。

8）连接设备驱动程序

选定与设备相匹配的设备构件，连接设备通道，确定数据变量的数据处理方式，完成设备属性的设置。此项操作在设备窗口内进行。

9）工程完工综合测试

最后测试工程各部分的工作情况，完成整个工程的组态工作，实施工程交接。

做一做：

根据以上知识，建立具有以下几项功能的工程。

（1）在画面0中新建两个按钮（"按钮01"及"按钮02"）、一个指示灯（"指示灯01"）。

（2）"按钮01"用于将S7-200PLC中的M0.0置位。

（3）"按钮02"用于将S7-200PLC中的M0.0复位。

（4）"指示灯01"利用"红"、"黑"两种颜色指示S7-200PLC中的Q0.0点的状态：当Q0.0状态为1时，指示灯显示为红色，当Q0.0状态为0时，指示灯显示为黑色。

具体操作步骤如下。

1）新建工程

双击 ，进入MCGS组态环境，单击"文件/新建工程"，其系统默认存储地址为"…\…\MCGS\WORK\新建工程"，如图9-18所示。

图9-18　新建工程

（2）组态实时数据库

1）在新建工程的界面中选择"实时数据库"标签页，单击"新增对象"按钮两次，在主对话框中就会出现两个新建立的内部数据，名称分别为Data1和Data2，如图9-19所示。

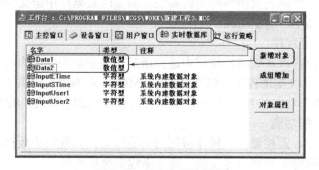

图9-19　组态实时数据库

（2）双击"Data1"数据对象，在弹出的属性对话框中对其属性进行设置，如图 9-20 中"Data2"部分所示，其他按默认设置即可，设置完毕后，单击"确定"按钮退出。

图 9-20 数据对象属性设置

3）组态设备窗口

（1）在新建工程的界面中选择"设备窗口"选项，单击"设备窗口"图标，系统弹出设备窗口设置对话框，如图 9-21 所示。

图 9-21 设备窗口

（2）单击 ⚒，在弹出的"设备工具箱"中单击"设备管理按钮"，弹出"设备管理"对话框。如图 9-22 所示。

图 9-22 设备窗口

（3）双击对话框中左侧选择区中的"通用串口父设备"，将其添加至右侧对话框中。如图 9-23 所示。

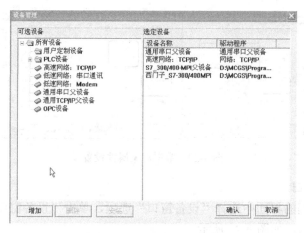

图 9-23　通用串口父设备

（4）与上步一致，双击对话框中左侧选择区中的"西门子 S7300/400MPI"，将其添加至右侧对话框中。如图 9-24 所示。

图 9-24　添加设备

（5）添加完毕后，双击"设备工具箱"中的"S7_300/400-MPI 父设备"及"西门子_S7-300/400MPI"，将其添加至通道设置对话框中，见图 9-25。

图 9-25　通道设置

（6）双击"设备 0-[S7_300/400-MPI 父设备]"，设置其参数，具体如图 9-26 所示。

图 9-26　设置参数

（7）同理，双击"设备 1-[西门子_S7-300/400MPI]"，在弹出的对话框中选择"基本属性"（见图 9-27），对其基本属性进行如下设置：光标选择"设置设备内部属性"，单击其右侧按钮，在弹出的"通道属性设置"对话框中添加 MCGS 与 PLC 之间的数据通道，单击"增加通道"，在弹出的"增加通道"设置对话框中，进行如图 9-28 所示设置。

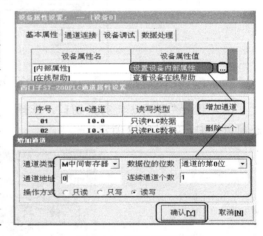

图 9-27　基本属性设置　　　　　　　　　　图 9-28　通道属性设置

（8）同理，添加另外一个变量通道，如图 9-29 所示。

图 9-29　增加通道

（9）选择"通道连接"标签页，将 PLC 中的数据与 MCGS 的内部数据一一对应，单击"确定"按钮，退出设备属性设置对话框。如图 9-30 所示。

图 9-30　通道连接

4）组态用户窗口

（1）退至 MCGS 主界面，选择"用户窗口"标签页，单击"新建窗口"按钮，新建一个新的用户窗口，选择"窗口 0"图标，右键选择"设置启动窗口"选项。如图 9-31 所示。

图 9-31　新建用户窗口

（2）双击"窗口 0"，打开窗口，选择"工具箱"中的按钮及矩形，将其安插到动画组态窗口 0 中。如图 9-32 所示。

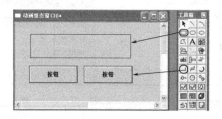

图 9-32　组态窗口

（3）双击左侧按钮，设置其属性。如图 9-33 所示。

图 9-33　设置按钮 1 属性

（4）双击右侧按钮，设置其属性。如图 9-34 所示。

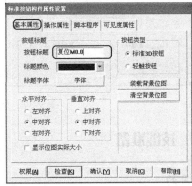

图 9-34　设置按钮 2 属性

（5）双击矩形，设置其属性。如图 9-35 所示。

图 9-35　设置填充颜色

5）编写 PLC 程序

利用 STEP7 V5.4 软件编写如下程序并下载至 PLC 中，如图 9-36 所示。

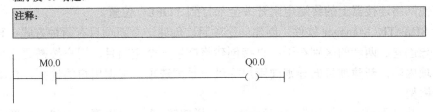

图 9-36　梯形图

6）运行组态

单击"文件/进入运行环境"，进入运行环境，验证组态结果，如图 9-37 所示。

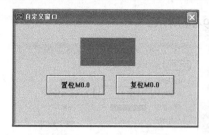 

图9-37　运行组态窗口

任务二　技能准备

1. 任务目的

通过组建 PROFIBUS-DP 网络，实现八站的自动运行。

2. 实训设备

（1）安装有 Windows 操作系统的 PC 一台（具有 STEP7 MicroWin、SIMATIC Manager 软件）。

（2）THMSRX-3 型 MES 网络型模块式柔性自动化生产线实训系统（八站）。

（3）PC 与 PLC 的通信电缆一根（PC/PPI）。

（4）八站之间的 DP 通信连线一套。

3. 任务内容

根据八站的控制要求，组建 PROFIBUS-DP 网络，通过 S7-300 主机采集并处理各站的相应信息，完成各站间的联动控制。

4. 任务步骤

首先设定各站的 EM277 模块地址，用一字螺丝刀调节模块上的编址开关，出厂设定为 3、4、5、9、10、6、7、8。

将 DP 连线首端出线的网络连接器接到 S7-300 主机的 DP 口上，其他网络连接器依次接到 8 个站的 EM277 模块 DP 口上，将连线末端网络连接器上的终端电阻开关打到"ON"位置，其他网络连接器上的终端电阻开关全部打到"OFF"位置。

运行 SIMATIC Manager 软件，创建一个项目。创建一个新项目有两种方式：直接创建和使用向导创建。两者的区别在于：直接创建将产生一个空项目，用户按需要添加项目框架中的各项内容，新建项目向导则向用户提供一系列选项，根据用户的选择，自动生成整个项目的框架。

在文件菜单下单击"新建"，或者单击工具栏按钮 🗋 ，可以直接创建一个新项目。在弹出的对话框中输入项目名称，单击"OK"完成。

直接创建的项目中只包含一个 MPI 子网对象，用户需要通过插入菜单向项目中手动添加其他对象（如图 9-38 所示）。

先插入一个 SIMATIC 300 站点，进行硬件组态，当完成硬件组态后，再在相应 CPU 的 S7 Program 目录下编辑用户程序。

硬件组态程序：双击硬件图标，就会进入硬件组态界面，如图 9-39 所示。

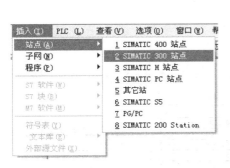
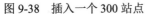

图 9-38 插入一个 300 站点　　　　　　　图 9-39 硬件组态

配置主机架。在 STEP7 中组态 S7-300 主机架（0 号机架），必须遵循以下规范。

● 1 号槽只能放置电源模块，在 STEP7 中 S7-300 电源模块也可以不必组态。

● 2 号槽只能放置 CPU 模块，不能为空。

● 3 号槽只能放置接口模块，如果一个 S7-300PLC 站只有主机架而没有扩展机架，则主机架不需要接口模块，而 3 号槽必须留空（实际的硬件排列仍然是连续的）。

在 STEP7 中，通过简单的拖放操作就可完成主机架的配置。在配置过程中，添加到主机架中的模块的订货号（在硬件目录中选中一个模块，目录下方的窗口会显示该模块的订货号以及描述）应该与实际硬件一致。具体步骤如下所述。

首先在硬件目录中找到 S7-300 机架，双击或者拖拽到左上方的视图中，即可添加一个主机架。

插入主机架后，分别向机架中的 1 号槽添加电源（可省略）、2 号槽添加 CPU。硬件目录中的某些 CPU 型号有多种操作系统（Firmware）版本，在添加 CPU 时，CPU 的型号和操作系统版本都要与实际硬件一致。

在配置过程中，STEP7 可以自动检查配置的正确性，当硬件目录中的一个模块被选中时，机架中允许插入该模块的插槽会变成绿色，而不允许该模块插入的插槽颜色无变化。如图 9-40 所示。在将选中的 CPU 模块添加到机架中时，会弹出一个对话框，如图 9-41 所示。

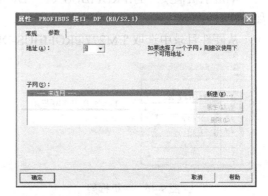

图 9-40 硬件配置　　　　　　　　　图 9-41 添加对话框

单击"新建"按钮，进行如图 9-42 所示的设置。

单击"确定"键退出，回到硬件组态画面，出现当前 PLC 站窗口画面。如图 9-43 所示。

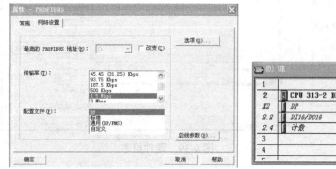

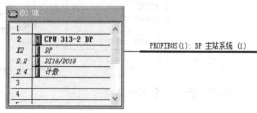

图 9-42　网络设置对话框　　　　　　　图 9-43　PLC 站硬件窗口

先单击机架中的 S7-300 主机，再到图 9-44 所示的详细窗口中双击蓝色部分。

双击后弹出主机的属性对话框，程序默认的输入/输出开始地址为 124，将系统默认框内的钩去掉，二者全部重新填写为 0，单击"确定"按钮后退出。程序将 S7-300 地址从 0 重新分配到 1。如图 9-45 所示。

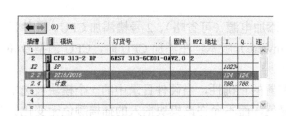

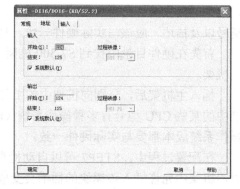

图 9-44　主机属性设置　　　　　　　　　图 9-45　属性对话框

单击主机框架外的"PROFIBUS（1）:DP 主站系统（1）"黑白相间线，使之变成全黑色。如图 9-46 所示。

从硬件目录中选取"EM277 PROFIBUS-DP"模块，如图 9-47 所示，双击进行添加。

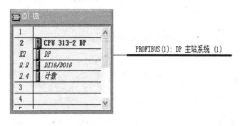

图 9-46　主机框架　　　　　　　　　　　图 9-47　选取模块

双击后弹出如图 9-48 所示的对话框，在地址栏的下拉菜单中选择拟定的站点号，将第一站的模块定为 3 号、第二站的模块定为 4 号、第三站的模块定为 5 号、第四站的模块定为 6 号、第五站的模块定为 7 号、第六站的模块定为 8 号。单击"确定"按钮完成设置并退出。

鼠标左键单击选中模块，到硬件目录中选中 4WordOut/4WordIn 类型的模块，双击后完成设置。如图 9-49 所示。

图 9-48　设置模块

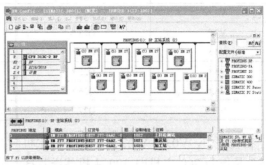

图 9-49　模块联网

各个模块进行相同的操作后，在详细窗口中显示出模块的信息。如图 9-50 所示。

从 3 号开始，双击图 9-51 中蓝色部分，将弹出一个属性对话框，重新更改输入/输出地址的起始位置，全部填写为 20。4 号地址填写 30、5 号地址填写 40、6 号地址填写 50、7 号地址填写 60、8 号地址填写 70、9 号地址填写 100、10 号地址填写 110。单击"确定"按钮，程序会自动紧接着 S7-300 的地址分配给模块下一个可用地址。二个模块在进行相同的操作后，3 号站分配为 20～27，4 号站分配为 30～37。

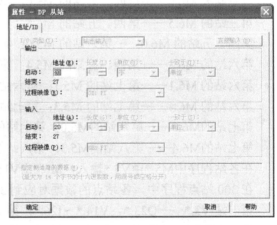

图 9-50　模块信息

图 9-51　模块地址

至此，网络的硬件组态已基本完成，最后从"站点"菜单中选择"保存并编译"或者单击工具栏上按钮。

通过以上操作，确定了每一站的 EM277 所对应的输入/输出点数，以 3 号站为例说明，程序分配了 I20.0～I27.7、Q20.0～Q20.7 作为输入/输出的点数。主、从机数据对应关系见表 9-1，其中，200 主机向 300 主机传送的数据作为输入型数据，S7-300 主机（简称 300 主机）向 S7-200 主机（简称 200 主机）传送的数据作为输出型数据。

表 9-1　200 主机（站）与 300 主机（站）数据对应表

200 主机数据	300 主机数据	200 主机数据	300 主机数据
V0.*	Q20.*	V8.*	I20.*
V1.*	Q21.*	V9.*	I21.*
V2.*	Q22.*	V10.*	I22.*
V3.*	Q23.*	V11.*	I23.*
V4.*	Q24.*	V12.*	I24.*
V5.*	Q25.*	V13.*	I25.*
V6.*	Q26.*	V14.*	I26.*
V7.*	Q27.*	V15.*	I27.*

在程序中，V0.0～V7.7 是作为 300 主机向 200 主机传送数据的输入点使用的，V8.0～V15.7 是作为 200 主机向 300 主机传送数据的输出点使用的，在 200 站中作为输出给 300 主机的数据可以是 Q*.*，也可以是 I*.*，而作为 300 站输出给 200 站的数据，可以是 Q*.*，或者是 I*.*（*为数字，后同），例如 200 站的 I0.0，可以通过 V8.0～V15.7 间任一点传送到 300 主站上去，也可以让 300 主站通过 V0.0～V7.7 间任一点传送到 200 站来。

根据两站间的数据传送方式，分别编写每一站 200 站的程序和 300 站的数据交换程序。

第一站的 M6.0——第二站的 M5.0；第一站的 M6.4——第二站的 M5.3；

第二站的 M6.3——第一站的 M5.4；第二站的 M6.0——第三站的 M5.0；

第二站的 M6.4——第三站的 M5.3；第三站的 M6.3——第二站的 M5.4；

第三站的 M6.0——第四、五站的 M5.0；第三站的 M6.4——第四、五站的 M5.3；

第三站的 M6.5——第四、五站的 M5.5；第四、五站的 M6.3——第三站的 M5.4；

第四、五站的 M6.0——第六站的 M5.0；第四、五站的 M6.4——第六站的 M5.3；

第六站的 M6.3——第四、五站的 M5.4；第六站的 M6.0——第七站的 M5.0；

第六站的 M6.1——第七站的 M5.1；第六站的 M6.2——第七站的 M5.2；

第六站的 M6.4——第七站的 M5.3；第七站的 M6.3——第六站的 M5.4；

第七站的 M6.0——第八站的 M5.0；第七站的 M6.1——第八站的 M5.1；

第七站的 M6.4——第八站的 M5.3；第八站的 M6.3——第七站的 M5.4。

在各站程序中 M5.* 由 V3.* 输入，M6.* 由 V14.0* 输出。

在 300 站点程序中，各站点的数据对应到 300 站点时，分别为：

第一站 V3.*——Q23.*，V14.*～I26.*；第二站 V3.*——Q33.*，V14.*～I36.*。

第三站 V3.*——Q43.*，V14.*～I46.*；第四、五站 V3.*——Q113.*，V14.*～I116.*。

第六站 V3.*——Q53.*，V14.*～I56.*；第七站 V3.*——Q63.*，V14.*～I66.*。

第八站 V3.*——Q103.*，V14.*——I106.*。

完成第一站 200 主机的 M6.0 数据传送到第二站主机的 M5.0，其中进行了一系列的转换：第一站 M6.0=V14.0=I26.0→第二站 Q33.0=V3.0=M5.0，其中 I26.0→Q33.0 的数据传送动作在 300 主机的 OB1 程序中进行。

鼠标左键单击窗口左边的"块"选项，则右边窗口中会出现"OB1"图标，"OB1"是系统的主程序循环块，里面可以写程序，也可以不写程序，根据需要确定。

根据二站间的数据传送方式在程序编辑器中输入如图 9-52 所示的程序，第一程序段表

示将 I2.0 数据传送到 Q6.0 中，相当于将 V14.0 传送到 V3.0 中，即第一站的颜色信息 M6.0
送至第二站的输入 M5.0。

> 提示：为方便记忆，在程序段上方可写入该程序的文字说明。

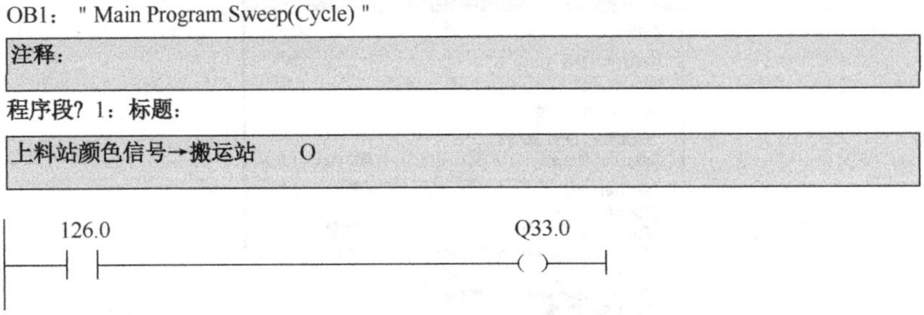

OB1: " Main Program Sweep(Cycle) "

注释：

程序段? 1: 标题：

上料站颜色信号→搬运站　　O

```
        I26.0                                            Q33.0
  ──────┤ ├──────────────────────────────────────────( )────
```

图 9-52　主程序编写

完成程序的编写后回到主程序画面，在右侧空白处单击右键，进行如图 9-53 所示操作，
新增一数据块作为程序中各字节型数据存储器。

在"属性-数据块"对话框中，将"名称和类型"更改为"DB10"。如图 9-54 所示更改
完成后单击"确定"按钮退出。如图 9-55 所示。

图 9-53　新增数据块

图 9-54　DB10

回到主程序界面后双击 OB10，添加如图 9-56 所示的数据。

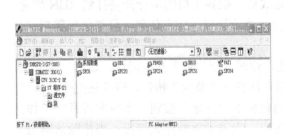

图 9-55　完成设置

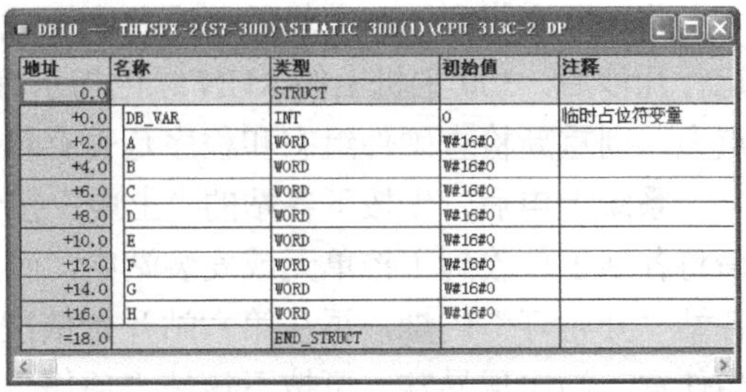

图 9-56　添加数据

完成后回到主程序界面，在"选项"菜单栏中选取"设置 PG/PC 接口"。如图 9-57
所示。

弹出如图 9-57 所示的对话框后，选择"CP5611（PROFIBUS）"，再单击"属性"按钮，
在传输率中，选择 3Mbps。单击"确定"按钮完成设置，回到设置接口对话框后再单击"确

定"按钮，如图9-58所示。弹出对话框，单击"确定"。如图9-59所示。

在完成设置后，将完成的硬件组态和程序下载到300PLC中，打开PLC菜单中的下载，或者单击工具栏上的图标，将整个工程下载到PLC中。

图9-57 设置PG/PC接口

图9-58 CP5611属性

图9-59 选择传输率

将200主机和300主机的程序分别下载完成后，把各主机的运行开关打到RUN位置，运行几秒后，300主机上的RUN绿色指示灯亮，表示正常，如有任何一只红色报警指示灯点亮，则重新检查硬件组态和程序是否有错。

系统上电后，先按下各站的"上电"按钮，这时"复位灯"开始闪烁，如第一次开机，请将各站工件收到主控单元或安装站中，而后依次按下"复位"按钮，待各站完全复位后，各站"开始灯"闪烁，再从第六站开始依次向前按下"开始"按钮，系统即可开始工作。当任意一站出现异常，可按下该站"急停"按钮，则该站立刻停止运行。当排除故障后，按下"上电"按钮，该站可接着从刚才的断点继续运行。如工作时突然断电，来电后系统重新开始运行。

将各站"单/联"开关打到"联"（第一站最后打到"联"）、"手/自"开关打到"自"时，第一站自动运行，对物料进行上料操作；第二站将物料从第一站搬运到第三站；第三站将物料进行加工和检测；第四站分拣废料到废料盒中并搬运合格工件到第五站；第五站传送合格工件；第七站将物料从第五站搬运到安装位；第六站将小工件安装至大工件中；第八站将安装完成的工件根据颜色分类放入相应的仓库位中。

9.3 主控单元项目实施

1. 训练目的

按照主控单元工艺要求，先按计划组建 PROFIBUS-DP 网络，实现八站的自动运行，再利用触摸屏及 MCGS 组态软件进行监控。

2. 训练要求

（1）熟悉主控单元的功能及结构组成，并正确安装。

（2）能够根据控制要求组建 PROFIBUS-DP 网络，实现八站的自动运行。

（3）安装触摸屏并组态监控界面，且能调试。

（4）安装 MCGS 组态软件并组态工程，且能调试。

（5）主控单元安装与调试时间计划共计 6 个小时，以 2～3 人为一组，并根据表 9-2 进行记录。

表 9-2 工作计划表

步 骤	内 容	计 划 时 间	实 际 时 间	完 成 情 况
1	整个练习的工作计划			
2	安装计划			
3	线路描述和项目执行图纸			
4	写材料清单和领料及工具			
5	PROFIBUS-DP 组网			
6	触摸屏安装及组态			
7	MCGS 软件安装及组态			
8	故障排除			

请同学们仔细查看器件，根据所选系统及具体情况填写表 9-3。

表 9-3 主控单元材料清单

序 号	代 号	物 品 名 称	规 格	数 量	备注（产地）
1		PC			
2		PC/PPI 通信电缆			
3		DP 通信电缆			
4		触摸屏			

任务一 触摸屏监控（主控单元）

1. 操作步骤

（1）安装触摸屏软件并下载组态工程。

（2）为了使触摸屏与 PLC 之间进行数据通信，连接触摸屏的 COM1 口到 300 主机的 MPI 口，同时在 SIMATIC Manager 软件中设定 PLC 的 MPI 口通信参数。在触摸屏中也设置相同的参数。如图 9-60 所示。

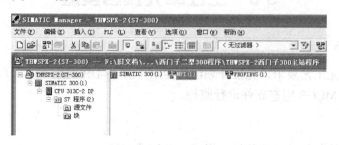

图 9-60　设定 MPI 参数

（3）在如图 9-61 所示的界面中，双击"MPI（1）"，在弹出的网络组态窗口中双击红色的 MPI 网络线。

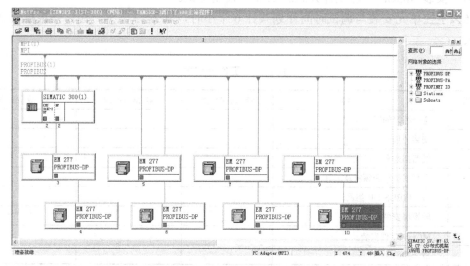

图 9-61　网络组态

（4）在弹出的属性对话框中，选择网络设置页，确定通信口波特率为 187.5Kbps。完成后单击"确定"按钮，保存设置并退出。如图 9-62 所示。

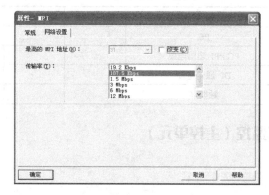

图 9-62　网络设置

（5）打开触摸屏组态编辑软件，打开样例工程，在"应用"菜单里选择"设定工作参数"。如图 9-63 所示。

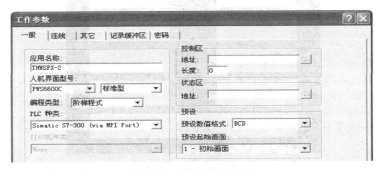

图 9-63　设定工作参数

（6）在"一般"页中将"控制区"和"状态区"默认的地址删除，"PLC 种类"中选择 300 主机的 MPI 端口。再选择"连线"页，如图 9-64 所示，对触摸屏通信口进行参数设置。

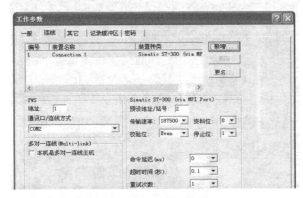

图 9-64　触摸屏参数设置

（7）将工程下载至触摸屏，系统正常运行后，进入主界面中。如图 9-65 所示。

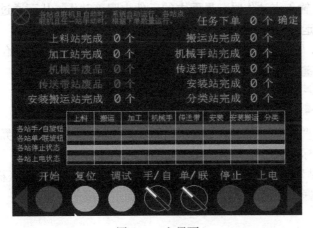

图 9-65　主界面

（8）按主界面所示进入实训项目站点选择。如图 9-66 所示。

图 9-66　站点选择

（9）选取"上料站"转到一号站界面。如图 9-67 所示。

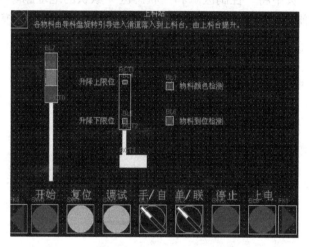

图 9-67　选取上料单元

10）图 9-67 界面中放置了一号站一些主要的检测开关，它们的动作对应于 PLC 的状态，当相应的 PLC 输入点动作时，界面中的元件也跟着动作。从而通过其中元件的动作情况就可了解工作站运行的情况。

11）在每站中，"手/自"、"单/联"、"上电"作为状态指示用，"开始"、"复位"、"调试"作为状态指示和按键输入用。

12）按右侧"▶"图标，界面将会切换到下一单元。

13）按右侧"◀"图标，界面将会切换到上一单元。

14）按左上侧"⊠"图标，本界面将关闭，并切换到相应的原始界面。如：按上料单元左上侧"⊠"图标，上料站界面关闭，切换到站点选择界面。

15）按"主控站"可切换到主控站监控界面。监控各单元的单机\联机、手动\自动状态，以及看到生产线根据任务数进行物料加工及各站加工完成的数值。

2. 主控单元触摸屏监控任务书

见表 9-4 至表 9-7。

表 9-4　培训项目（单元）培养目标

项目（单元）任务单		项目（单元）名称	项目执行人	编　号
		主控单元触摸屏监控		
班级名称		开始时间	结束时间	总学时
班级人数				180 分钟
项目（单元）培养内容				
模　块	序号	内　　容		
知识目标	1	掌握 PLC 软件及基本指令的应用		
	2	掌握自动生产线控制程序的编写方法		
	3	掌握 PLC 控制系统的总体构建的方法		
能力目标	1	知道 PLC 在自动生产线中的应用		
	2	能进行 PLC 电气系统图的识图、绘制，以及硬件电路接线		
	3	会进行自动生产线 PLC 控制程序的编写及调试		
	4	能解决编程过程中遇到的实际问题		
	5	能锻炼学生的自我学习能力和创新能力		
执行人签名		教师签名		教学组长签名

表 9-5　培训项目（单元）执行进度单

项目（单元）执行进度单		项目（单元）名称	项目执行人	编　号
		主控单元触摸屏监控		
班级名称		开始时间	结束时间	总学时
班级人数				180 分钟
项目（单元）执行进度				
序号	内　　容		方　式	时间分配
1	根据实际情况调整小组成员，布置实训任务		教师安排	5 分钟
2	小组讨论，查找资料，根据生产线的工作站单元硬件连线图、软件控制电路原理图列出单元控制部分组成、各元件数量、型号等		学员为主，教师点评	10 分钟
3	根据 I/O 分配及硬件连线图，对 PLC 的外部线路完成连接		学员为主，教师点评	10 分钟
4	根据控制要求及 I/O 分配，对 PLC 进行编程		学员为主；教师指导	45 分钟
5	检查硬件线路并对出现故障进行排除		学员为主；互相检查	45 分钟
6	画出程序流程图或顺序功能图，并写好记录，以备调试程序时参考		学员为主；教师指导	20 分钟
7	检查程序，并对出现的问题对程序做出调整，直到满足控制要求为止		学员为主；教师指导	15 分钟
8	实训过程中，在教师指导下，解决碰到的问题，并鼓励学生 互相讨论，自己解决		学员为主；教师引导	10 分钟
9	小组成员交叉检查并填写实习实训项目（单元）检查单		学员为主	10 分钟
10	教师给学员评分		教师评定	10 分钟
执行人签名	教师签名		教学组长签名	

表 9-6　培训项目（单元）设备、工具准备单

项目（单元）设备、工具准备单		项目（单元）名称		项目执行人	编　号
		主控单元触摸屏监控			
班级名称		开始时间		结束时间	
班级人数					
项目（单元）设备、工具					
类　型	序号	名　称	型　号	台（套）数	备　注
设备	1	自动生产线实训装置	THMSRX-3 型	3 套	每个工作站安排 2 人（实验室提供）
工具	1	数字万用表	9205	1 块	实训场备
	2	十字螺丝刀	8、4 寸	2 把	
	3	一字螺丝刀	8、4 寸	2 把	
	4	镊子		1 把	
	5	尖嘴钳	6 寸	1 把	
	6	扳手			
	7	内六角扳手		1 套	
执行人签名		教师签名		教学组长签名	

备注：所有工具按工位分配。

表 9-7　培训项目（单元）检查单

项目（单元）名称		项目指导老师	编　号
主控单元触摸屏监控			
班级名称	检查人	检查时间	检查评等
检查内容	检查要点	评　价	
参与查找资料，掌握生产线的工作站单元硬件连线图、I/O 分配原理图、程序流程图	能读懂图并且速度快		
列出单元 PLC 的 I/O 分配、各元件数量、型号等	名称正确，和实际的一一对应		
工具摆放整齐	操作文明规范		
万用表等工具的使用	识别各种工具，掌握正确使用方法		
传感器等控制部件的正确安装	熟悉和掌握安全操作常识，器件安装后的正确放置、连线及测试方法		
装配所有器件后，通电联调	检查系统是否能正确动作，对出现的故障能否排除		
调试程序时操作顺序	是否有程序流程图，调试是否有记录以及故障的排除		

检 查 内 容	检 查 要 点	评 价
调试成功	各工作站分别能正确完成工作, 运行良好	
硬件及软件出现故障	排除故障的能力以及对待故障的态度	
与小组成员合作情况	能否与其他同学和睦相处, 团结互助	
遵守纪律方面	按时上、下课, 中途不溜岗	
地面、操作台干净	接线完毕后能清理现场的垃圾	
小组意见		
教师审核		
被检查人签名	教师评等	教师签名

任务二 MCGS 组态监控 (主控单元)

1. 实施步骤

(1) 安装 MCGS 软件, 在组态环境中运行组态工程。

(2) 选择工作台窗口中的"设备窗口"标签, 进入设备窗口页。

(3) 鼠标双击设备窗口图标或单击"设备组态"按钮, 打开设备组态窗口。如图 9-68 所示。

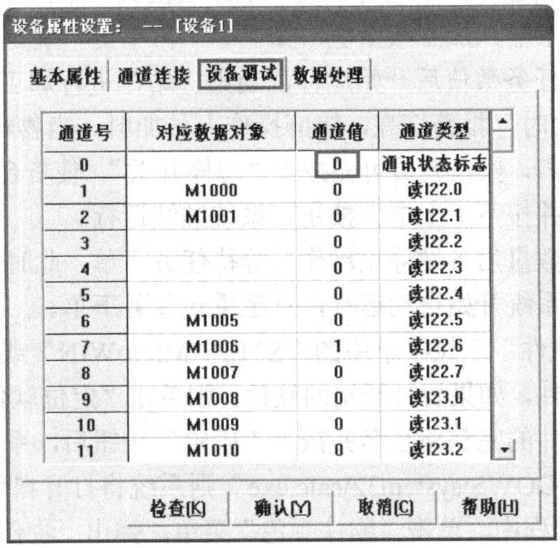

图 9-68 设备属性设置

(4) 选中"设备 1-西门子_S7-300/400MPI", 双击打开"设备属性设置"对话框, 选择"设备调试", 观察通信状态标志的通道值, 如果为"0", 表示组态软件与 300 主机通信正常, 否则为不正常。

(5) 确定组态软件与 300 主机通信正常后, 按"F5"进入运行环境。

(6) 在弹出的欢迎窗口中, 按 Ctrl+Y 或单击"登录系统", 在弹出的"用户登录"对话框中选择用户名为"负责人", 密码为"MASTER", 可用计算机键盘输入或使用对话框中的软键盘。输入正确的密码后单击"确定", 进入"控制窗口"界面, 如果没有输入密码或输入错误，单击"确定"和"取消"也能进入"控制窗口"界面，但无法进行除"系统管理"→"登录用户"外的其他操作。没有正常登录时，单击"系统管理"→"登录用户"，输入正确的用户名和密码后可重新登录。

（7）正常登录后单击界面中各站的按钮可进入相应站点的显示画面。以第八站为例，单击第八站的按钮后界面切换到第八站显示窗口。界面左侧为第八站的硬件模拟图，传感器的亮灭与相应的硬件一致，气缸及货台的移动动作与相应的硬件一致。界面右侧为第八站的控制开关模拟图，其中"开始"、"复位"同时作为指示灯和输入按钮，"手/自"、"单/联"、"上电"仅作为指示，"调试"仅作为输入按钮。

（8）第八站通电后，将"急停"按钮旋出，按下"上电"后，"上电指示灯"点亮，同时"复位指示灯"闪烁。在组态画面中"上电指示灯"也点亮，"复位指示灯"闪烁，由于网络延时，闪烁可能会不同步。

（9）在第八站上或在组态界面上按下闪烁的"复位"，"复位指示灯"停止闪烁，第八站进行复位动作，货台运行到 X 轴、Y 轴的原点位置，完成后"开始指示灯"开始闪烁。在第八站上或在组态界面上按下闪烁的"开始"，"开始指示灯"停止闪烁。货台运行到等待位置。

单击"关闭窗口"菜单项关闭当前窗口，以相同的步骤完成前几站的上电和复位操作，并将 1～8 站的"单/联"旋钮开关旋到"联"位置，2～8 站的"手/自"旋钮开关旋到"自"位置，1 站的"手/自"旋钮开关旋到"手"位置。

在以上的开关控制状态下，系统为手动下单加工模式，单击"任务下单"菜单，在任务下单栏的数值输入框中输入加工数量值，如"4"，再单击"确定"按钮进行数值确定。

系统在接收到加工任务数值后开始运行，当第一站在进行加工时还没完成任务，且物料在 10 秒内没有到货台时，报警灯亮，提醒操作人员加料，当物料放在货台上升时卡住，报警灯亮同时发出报警声，操作人员可先按下"急停开关"，使货台下降到底，将物料放正后将"急停"按钮旋出并按下"上电"按钮，系统继续运行。

系统完成任务下单数量后各站停止动作，等待任务下单。此时将一站的"手/自"旋钮开关旋到"自"位置，系统开始自动运行，直至重新任务下单。

（10）单击"外围软件"下拉菜单中的"STEP7-MicroWIN"或"SIMATIC Manager"则系统自动打开这些软件，如果要打开别的软件，则单击"定位软件路径"，在下方弹出的输入框中输入要运行软件的完整路径名并按下"确定"按钮后，系统即可调用此软件。

例如输入"C:\WINDOWS\system32\calc.exe"则系统将打开自带的计算器。

（11）系统在运行过程中，单击"物件颜色"菜单，弹出"物件颜色监视"窗口，根据每站中小方块显示的颜色监视实际的物件颜色信息传递情况。

（12）系统在运行过程中，单击"通信状态观察"菜单，弹出"输入/输出监视"窗口，根据窗口中各指示灯的显示情况了解系统运行状态。

2. 主控单元 MCGS 监控任务书

见表 9-8 至表 9-11。

表 9-8 培训项目（单元）培养目标

项目（单元）任务单		项目（单元）名称	项目执行人	编 号
		主控单元 MCGS 监控		
班 级 名 称		开 始 时 间	结 束 时 间	总 学 时
班 级 人 数				180 分钟
项目（单元）培养内容				
模 块	序 号	内 容		
知识目标	1	掌握 PLC 软件及基本指令的应用		
	2	掌握自动生产线控制程序的编写方法		
	3	掌握 PLC 控制系统的总体构建方法		
能力目标	1	知道 PLC 在自动生产线中的应用		
	2	能进行 PLC 电气系统图的识图、绘制及硬件电路接线		
	3	会进行自动生产线 PLC 控制程序的编写及调试		
	4	能解决编程过程中遇到的实际问题		
	5	能锻炼学生的自我学习能力和创新能力		
执行人签名		教师签名		教学组长签名

表 9-9 培训项目（单元）执行进度单

项目（单元）执行进度单		项目（单元）名称	项目执行人	编号
		主控单元 MCGS 组态监控		
班 级 名 称		开 始 时 间	结 束 时 间	总 学 时
班 级 人 数				180 分钟
项目（单元）执行进度				
序 号	内 容		方 式	时 间 分 配
1	根据实际情况调整小组成员，布置实训任务		教师安排	5 分钟
2	小组讨论，查找资料，根据生产线的工作站单元硬件连线图、软件控制电路原理图，并列出单元控制部分组成、各元件数量、型号等		学员为主，教师点评	10 分钟
3	根据 I/O 分配及硬件连线图，对 PLC 的外部线路完成连接		学员为主，教师点评	10 分钟
4	根据控制要求及 I/O 分配，对 PLC 进行编程		学员为主，教师指导	45 分钟
5	检查硬件线路并对出现的故障进行排除		学员为主，互相检查	45 分钟
6	画出程序流程图或顺序功能图并记录，以备调试程序时参考		学员为主，教师指导	20 分钟
7	检查程序，并对出现的问题对程序进行调整，直到满足控制要求为止		学员为主，教师指导	15 分钟
8	实训过程中，在教师指导下，解决碰到的问题，并鼓励学生互相讨论，自己解决		学员为主，教师引导	10 分钟
9	小组成员交叉检查并填写实习实训项目（单元）检查单		学员为主	10 分钟
10	教师给学员评分		教师评定	10 分钟
执行人签名		教师签名		教学组长签名

表 9-10　培训项目（单元）设备、工具准备单

项目（单元）设备、工具准备单		项目（单元）名称	项目执行人	编　号
		主控单元 MCGS 组态监控		
班 级 名 称		开 始 时 间	结 束 时 间	
班 级 人 数				
项目（单元）设备、工具				
类　　型	序号	名　　称	型　　号	台（套）数	备　注
设备	1	自动生产线实训装置	THMSRX-3 型	3 套	每个工作站安排 2 人 （实验室提供）
工具	1	数字万用表	9205	1 块	实训场备
	2	十字螺丝刀	8、4 寸	2 把	
	3	一字螺丝刀	8、4 寸	2 把	
	4	镊子		1 把	
	5	尖嘴钳	6 寸	1 把	
	6	扳手			
	7	内六角扳手		1 套	
执行人签名		教师签名	教学组长签名	

备注：所有工具按工位分配。

表 9-11　培训项目（单元）检查单

项目（单元）名称		项目指导老师	编　号
主控单元 MCGS 组态监控			
班 级 名 称	检 查 人	检 查 时 间	检 查 评 等
检 查 内 容	检 查 要 点	评　价	
参与查找资料，掌握生产线的工作站单元硬件连线图、I/O 分配原理图、程序流程图	能读懂图并且速度快		
列出单元 PLC 的 I/O 分配、各元件数量、型号等	名称正确，和实际的一一对应		
工具摆放整齐	操作文明规范		
万用表等工具的使用	识别各种工具，掌握正确使用方法		
传感器等控制部件的正确安装	熟悉和掌握安全操作常识，器件安装后的正确放置、连线及测试方法		
装配所有器件后，通电联调	检查是否能正确动作，对出现的故障能否排除		
调试程序时的操作顺序	是否有程序流程图，调试是否有记录以及故障的排除		
调试成功	工作站各部分能正确完成工作，运行良好		
硬件及软件出现故障	排除故障的能力以及对待故障的态度		
与小组成员合作情况	能否与其他同学和睦相处，团结互助		

续表

检 查 内 容	检 查 要 点	评　　价
遵守纪律方面	按时上、下课，中途不溜岗	
地面、操作台干净	接线完毕后能清理现场的垃圾	
小组意见		
教师审核		

被检查人签名	教师评等	教师签名

任务三　主控单元的调试及故障排除

在机械拆装以及电气控制电路的拆装过程中，应进一步了解掌握设备调试的方法、技巧及注意点，培养严谨的作风，做到以下几点。

（1）所用工具的摆放位置正确，使用方法得当。

（2）注意所用各部分器件的好坏及归零。

（3）注意各机械设备的配合动作及电动机的平衡运行。

（4）电气控制电路的拆装过程中，必须认真检查线路的连接。重点检查电源线的走向。

（5）在程序下载前，必须认真检查。重点检查各个执行机构之间是否会发生冲突，如有冲突，应立即停下，认真分析原因（机械、电气、程序等）并及时排除故障，以免损坏设备。

（6）总结经验，把调试过程中遇到的问题，解决的方法记录于表9-12。

表 9-12　　调试运行记录表

观察项目＼操作步骤＼结果	S7-300	触摸屏	监控画面	网络设置	网络通信	MCGS	MCGS组态	监控按钮	单元通信	单元动作
各机械设备的动作配合										
各电气设备是否正常工作										
网络设置及网络通信的检查										
程序能否正常下载										
单元是否按程序正常运行										
故障现象										
解决方法										

表9-13用于评分。

表9-13 总评分表

班级 第组		评分标准	学生自评	教师评分	备注
评分内容	配分				
主控单元 工作计划 材料清单 气路图 电路图 接线图 程序清单	12	没有工作计划扣2分；没有材料清单扣2分；气路图绘制有错误的扣2分；主电路绘制有错误的，每处扣1分；电路图符号不规范，每处扣1分			
零件故障和排除	10	网络设置、网络通信、MCGS组态、监控画面、触摸屏、S7-300、开关电源、按钮、I/O接口板、通信接口板、电气网孔板、直流减速电动机、电磁阀及气缸等零件没有测试以确认好坏并予以维修或更换。每处扣1分			
网络故障和排除	10	错误调试导致个别单元不能运行，扣6分			
		网络设置调整不正确，每处扣1.5分			
		触摸屏调整不恰当，扣1分			
		监控按钮不能正确动作，每处扣0.5分			
气路连接故障和排除	10	气路连接未完成或有错，每处扣2分			
		气路连接有漏气现象，每处扣1分			
		气缸节流阀调整不当，每处扣1分			
		气管没有绑扎或气路连接凌乱，扣2分			
电路连接故障和排除	20	不能实现要求的功能、可能造成设备或元件损坏，1分/处，最多扣4分			
		没有必要的限位保护、接地保护等，每处扣1分，最多扣3分			
		必要的限位保护未接线或接线错误扣1.5分			
		端子连接，插针压接不牢或超过2根导线，每处扣0.5分，端子连接处没有线号，每处扣0.5分，两项最多扣3分。电路接线没有绑扎或电路接线凌乱，扣1.5分			
程序的故障和排除	20	按钮不能正常工作，扣1.5分			
		上电后不能正常复位，扣1分			
		参数设置不对，不能正常和PLC通信，扣1分			
		指示灯亮灭状态不满足控制要求，每处扣0.5分			
单元正常运行工作	初始状态检查和复位，系统正常停止	8	运行过程缺少初始状态检查，扣1.5分。初始状态检查项目不全，每项扣0.5分。系统不能正常运行扣2分，系统停止后，不能再启动扣0.5分			
职业素养与安全意识		10	现场操作安全保护符合安全操作规程；工具摆放、包装物品、导线线头等的处理符合职业岗位的要求；团队有分工有合作，配合紧密；遵守纪律，尊重工作人员，爱惜设备和器材，保持工位的整洁			
总计		100				

9.4 重点知识、技能归纳

（1）自动化生产线上所有单元进入联网状态后，主控单元依托主控 PLC、工业触摸屏、MCGS 工控组态软件、MES 生产制造管理软件等进行控制与管理。因此，正确的总线连接与通信参数设置就显得非常重要。

（2）主控单元主要使用的监控设备为工业触摸屏以及安装了 MCGS 工控组态软件的上位机（计算机）。这两种方式有异同之处需要在安装调试中感受。

（3）学习本部分内容时应通过训练熟悉触摸屏与 MCGS 工控组态软件的组态，亲身实践组态监控技术、总线技术、PLC 控制技术及编程，并使这些技术融会贯通。

9.5 工程素质培养

（1）查阅 MES 主控单元涉及的工业触摸屏手册及 MCGS 工控组态监控软件手册，说明这两种监控方式的特点，并思考：安装中有哪些注意事项？

（2）了解当前国内、国际上的主要的工业触摸屏品牌和工控组态软件开发版本，并思考：其采用的标准是否统一？能否进行替代？

（3）认真执行培训项目（单元）执行进度记录，归纳主控单元安装调试中的故障原因及排除故障的思路。

（4）在机械拆装以及电气动控制电路的拆装过程中，进一步掌握安装、调试的方法和技巧，组织小组讨论和各小组之间的交流。

参 考 文 献

［1］ 西门子公司. SIMATIC S7-200 可编程控制器系统手册. 2005.

［2］ 西门子（中国）有限公司. 深入浅出西门子 S7-200PLC.3 版［M］. 北京：北京航空航天大学出版社，2005.

［3］ 天煌教学仪器公司用户手册. 2010.

［4］ 西门子公司. 西门子变频调速器 MM420 使用手册.

［5］ 赵春生. 可编程序控制器应用技术［M］. 北京：人民邮电出版社，2008.

［6］ 廖常初. PLC 编程及应用. 3 版［M］. 北京：机械工业出版社，2008.

［7］ 廖常初. PLC 应用技术问答［M］. 北京：机械工业出版社，2007.

［8］ 廖常初. 跟我动手学 S7-300/400PLC［M］. 北京：机械工业出版社，2010.

［9］ 张伟林. 棉纺织设备电气控制［M］. 北京：中国纺织出版社，2008.

［10］ 吴中俊等. 可编程序控制器原理及应用［M］. 北京：机械工业出版社，2005.

［11］ 吕景泉等. 自动化生产线的安装与调试［M］. 北京：中国铁道出版社，2009.